大樂文化

大樂文化

圖解實踐版

大樂文化

為何提案高手都用
三角形筆記？

照著作者的 3 種筆記術，寫出超強企劃案，並幫你……

☑思緒有邏輯 ☑人人都買單 ☑顧客超開心

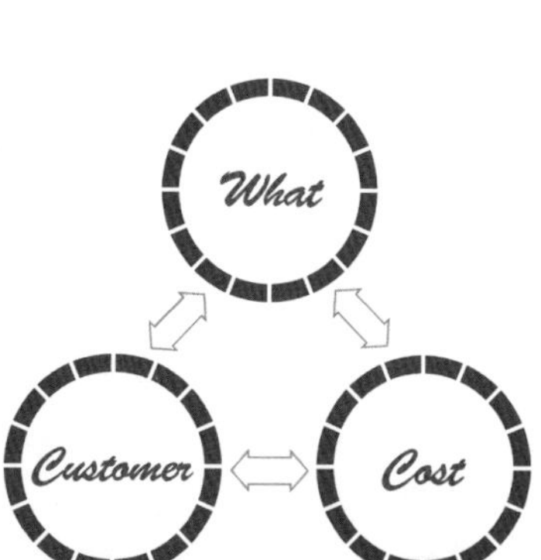

高橋晉平◎著 黃瓊仙◎譯

一生仕事で困らない企画のメモ技

目次

第2章

鬼點子枯竭嗎？「配對筆記」讓你一天內想出100個！

第2章

鬼點子枯竭嗎？「配對筆記」讓你一天內想出100個！

第4章

好企劃也得通過才行！落實執行該有的4種態度

第3章

案子賣不好嗎？用「三角形筆記」檢查賣點一氣呵成！ 137

推薦序

建立自己的靈感資料庫

「內容駭客」網站創辦人　鄭緯筌

回顧我過往的職涯，除了近幾年以自由工作者（Freelancer）的身分闖蕩江湖，大多的時間都待在網路和媒體產業，見證了全球數位時代的崛起和迅速迭代。

這兩個產業看起來南轅北轍，卻有幾個共通的特性，除了「壓力山大」這一點不令人意外，還有業界的脈動和節奏非常快。而且，網路業和媒體業的長官對於工作成果的質量要求也相當高！

長期處在迅捷、高壓的工作節奏下，難免讓人容易抓狂，想要在競爭激烈的環境中倖存，自然要有一些工作心法和謀生技術。

就像本書作者高橋晉平提到，想在網路上尋找題材和靈感，光是拜請 Google

大神還不夠，我們必須用些方法觸類旁通，好比活用RSS閱讀器，或是善用Twitter搜尋熱門關鍵字。

離開網路業和媒體業後，我的工作型態逐漸從受雇轉換為自雇。如今我不僅是企業顧問和職業講師，同時也是專欄作家。為了做好這些工作，我每天要涉獵大量的資訊。說真的，還好有養成做筆記的習慣，不然面對這麼大的資訊需求量，真不知道該如何是好？

很高興聽到《為什麼提案高手都用三角形筆記？》即將在臺灣出版的消息，不僅是因為我喜歡做筆記，更因為本書提到的若干觀念與自己的作法吻合。此外，我很認同作者對於企劃、提案的想法。

這幾年，我曾在企業、學校或培訓機構，主講過不少關於文案寫作與內容行銷的課程。根據我的非正式統計，學員對於寫作的三大困擾，不外乎是「不知如何下筆、文筆不好、沒有靈感」。前兩者與文案寫作的關係比較緊密，但沒有靈感似乎是許多上班族普遍的問題。

誠然，靈感可以提供有力的觀點、找到新穎的切入點，甚至是幫企劃提案加分。所以，我常鼓勵學員建立自己的靈感資料庫。

如果你喜歡傳統紙筆的記錄方式，可以準備一本筆記本和一疊便利貼，以便隨時記下有趣的點子。如果你習慣使用電腦、智慧型手機或平板電腦等行動裝置，自然可以選擇諸如 Evernote、OneNote、Quip 或 Notion 等各式各樣的數位工具。

話說回來，建立靈感資料庫的重點，其實不在於使用哪一種酷炫工具，而是必須養成觀察事物的好奇心，還有隨時記錄的好習慣。

至於可以用哪些方法與訣竅，幫助我們有效地記錄呢？如果您有興趣的話，可以考慮來報名上我的「靈感資料庫工作坊」。不過，我更要推薦大家把這本好書帶回家，讓我們一起閱讀《為什麼提案高手都用三角形筆記？》吧！

正所謂「羅馬不是一天造成的」，真正厲害的人物都是靠平日的積累逐漸成就。大量的記錄、觀察和刻意練習，可以幫我們邁向高手之路。這一點我還在努力當中，與各位共勉之！

前言
想不出企劃賣點，該怎麼辦？

沒有想做的企劃是理所當然

「公司要我提出新企劃，可是根本想不出好點子。」
「我想創業，但是不曉得該做什麼才好。」

我常與各行各業的人共事，每天都有人這樣對我訴苦，而本書正是寫給那些「想做點新鮮事，但不曉得該做什麼好」的平凡多數人。會提筆撰寫本書，是因為我也曾經歷過這些問題。

我現在是個創意工作者，主要從事研擬商品或事業的企劃提案工作。有時幫自己的公司研擬企劃，有時則是跟各行各業的人或企業組成企劃團隊，一起開發、銷售商品，或者創辦新事業。

我在二〇〇四年進入大型玩具製造商萬代（BANDAI），之後約十年的時間，負責玩具的企劃開發與行銷。除了開發出全球暢銷的商品「無限氣泡捏捏樂」，我還參與許多玩具商品的企劃。

不過，我的職涯並非一路順遂，尤其是剛進公司的前三年，提出的企劃幾乎都沒有通過，總是石沉大海。這讓我陷入低潮、腦海一片空白，好幾次都想不出任何點子。儘管閱讀許多以「企劃」、「創意激發」為主題的書籍，依舊沒有新發想。

當時會陷入那種狀況，是因為我不會什麼都想嘗試，腦子也並非總是充滿各種想法。我明明從事商品企劃的工作，但本身沒有太多欲望，只要能安穩度日，便覺得心滿意足。

當時的我還沒有察覺到自己的欲望。

有些人即使不會把想法說出口，但對各種事物都感興趣，內心經常湧現想做某件事、想擁有某樣東西的想法，這種人應該不會有想不出企劃案的困擾吧！不過，他們是特例，大部分的人都無法接連冒出許多想法，而且各式各樣的欲望總是在心裡沉睡。

利用筆記的力量，讓新企劃源源不絕產生

當時，我心中的欲望並不是非常明顯，再加上誤認為「點子或企劃是象徵自我品味的創作」，導致我總是只憑著自己腦中有限的知識構思企劃。要將腦袋裡儲存的資訊轉變為點子，可使用的材料一定有限。如果一直以同樣材料來構思點子，最後只會讓相同的想法在腦中不停打轉。

幫助我突破困境、湧現靈感，並不斷實現企劃的契機，是一款由美國發明、製造，在日本暢銷的玩具商品「20Q」。

20Q是一種猜心遊戲機。你只要針對它提出的二十個相關問題，回答YES或NO，你心想的事物便會顯示於液晶螢幕。也就是說，它是一種能猜出你在想什麼

的讀心遊戲機。

當我看見20Q在店面熱賣的景象，深有感觸：「連我也非常想要這個商品，但我絕對想不到這樣的點子。」

那一刻，我領悟到人腦能儲存的資訊非常有限，因此必須走到外面尋找更多靈感。像我這種沒什麼人生經驗的人，想製作出獲得多數人青睞的企劃，更要蒐集各式各樣的題材才行。

從題材構思點子，再透過手寫完成暢銷企劃

我現在敢公開宣稱：「這輩子都不會再為構思企劃而苦」，並不是因為我擁有特殊才能，也不是付出比別人多幾十倍的努力。**我只是每天持續將可成為企劃的題材記錄下來，並以此為基礎，經由不斷的嘗試，精進孕育企劃的方法與機制。**

因此，本書將介紹如何利用筆記，構思出滿足多數人需求的企劃方法。這次，更首次公開我平常使用的方法。

首先，第一章介紹如何製作一本記錄企劃材料的「題材筆記」。在資訊爆炸的現今，如何從大量資訊中挖掘出企劃的必需材料，做出自己想製作的企劃呢？關鍵是「人的欲望」。

可以根據自我欲望找出題材，在智慧型手機中製作自己專屬的題材筆記。你看到題材筆記的內容逐漸豐富，一定會覺得光是蒐集題材也很開心。

第二章告訴各位，如何利用筆記術將記錄下的題材變成企劃點子。訣竅在於「配對」，只要將思考的課題與題材互相配對，便能讓靈感源源不絕。

假如將課題「提升員工鬥志」，與題材筆記中「沒有計費表的計程車」的題材配對，我會想到「雙手空空上下班制度」的點子。到底怎麼想到這個點子呢？當然有一套完整的方法。

另外，將隨機關鍵字與點子配對，也能想出更多點子。若能妥善使用這個方法，在一個小時內想出一百個點子並非天方夜譚。

第三章解說讓點子進化為企劃的「三角形筆記」。透過手寫統整出一份企劃，在認真書寫的同時，坦然面對顧客和自己的心，仔細思考：「這個企劃能滿足大家的需求嗎？」「這樣真的可行嗎？」「有沒有偏離真正的需求？」，努力構思能暢銷的企劃。

最後，第四章傳授為了實現企劃，應抱持怎樣的心態。企劃沒有實現就毫無意義，但要讓企劃變為現實，必須克服無數的難關。第四章探討什麼樣的心態，可以確實實現想執行的企劃。

從現在開始，只要將日常生活中發現的題材記錄下來，再構思成企劃，不只能讓你獲利，還可以實現人生夢想。一想到這樣的事，是不是覺得很興奮？

如果你願意耐心閱讀到最後，一定能不斷構思出為自己人生帶來幸福的企劃。事不宜遲，繼續看下去吧！

NOTE

/ / /

NEW

第1章

老梗、沒創意嗎？學我從日常生活找資料的「題材筆記」！

哪些素材可以留下來？「想要的事物」就是好素材

世上所有東西都能成為企劃

企劃到底是什麼？本書的讀者當中，應該有人必須以商業利益的角度構思企劃，也可能有人只是純粹為了思考新事物。或許，也有人會認為：「企劃跟我毫無關係。」

我對企劃的定義是：滿足人們需求的作戰策略。儘管開發商品、服務、活動、廣告宣傳等各種商業企劃，都是以獲利為目的，但在此之前，企劃必須是為了賦予某人價值、滿足某人需求而誕生的產物。

並非只有商業場合才需要企劃，日常生活中也常見到企劃的蹤跡，比方說，思考如何創辦同好社團、為某人策劃派對等。為了滿足自我欲望的行動，例如：決定升學的學校、找工作並去應徵等，也算是企劃。

即使不是追求利益的商業活動，**只要是為了賦予人們價值或幸福的計畫和思維，全部屬於企劃**。人的一生中，總是無意識地企劃著許多事情，並且付諸實現。

製作一本蒐集題材的「題材筆記」

接下來，請各位一個問題：如果因為工作的關係需要研擬企劃，首先會做些什麼？

1. 一個人自言自語，絞盡腦汁思考？
2. 從網路搜尋與課題相同類型的資訊？

雖然這兩個方法並非不好，不過都有缺點。第 1 項描述的情況，和我以前企劃總是石沉大海如出一轍。

我們自己能夠構思的想法有限，再加上總是根據記憶中的資訊思考，導致只能想到類似的企劃內容。自己具有的知識和思考習慣不可能馬上改變，因此當然會出現這樣的結果。

至於第2項「上網搜尋參考資料」，當你開始搜尋與企劃相同類型的資訊，構思出的內容就容易與其他人雷同。

此外，容易搜尋到的資訊大多都是固定的，因此大多數的人往往都用相同的資訊構思企劃，想出類似的內容。做出與其他人相似的企劃，不僅缺乏新鮮感或獨特性，更糟的是可能粗糙模仿現有商品，最終無法滿足任何人的欲望。

既然如此，應該怎麼做才好？我會將平日所見所聞或腦海浮現的想法中，值得成為企劃材料的資訊或發想稱為「題材」（本書使用相同名詞），並記錄於題材筆記。

接著，將課題與題材組合，從兩個角度來構思點子，分別是「這麼做能成為滿足大家需求的企劃嗎？」「這個企劃符合商業需求嗎？」這也是我製作企劃的基本原則。

如果你擁有自己專屬、原創的題材筆記，並且每天持續記錄，當你在構思企劃時，可以派上用場的題材就會越來越多，為題材筆記注入新的能量。

然而，若只是把題材放在腦中，就容易忘東忘西，或無法馬上回想起來。但是，只要在構思企劃時翻閱題材筆記，再與課題組合配對，便能馬上想出幾十個點子，從中找到值得化為企劃的事物。

需要記錄的資訊只有一種

前面提過，企劃可以是各種形式。你想付諸實現的企劃，可能是工作上不得不達成的任務，也可能是日常生活中，基於興趣而想舉辦的活動，或是為了將來創業而勾勒的想法。

為了實現企劃並賦予他人價值，希望讀者從現在開始養成每天記錄新資訊的習慣。

首先，我想分享我的題材筆記部分內容。左圖是我平常記錄於手機ＡＰＰ「Evernote」的題材筆記。除了我自己以外，其他人應該看不懂內容是什麼意思。為了蒐集製作企劃時可以派上用場的題材，我用「一行一個題材」的形式，不斷累積這些資訊。

那麼，要從何處蒐集題材？應該蒐集什麼樣的題材？身處資訊爆炸的時代，每天在網路上都會出現大量的新聞或留言，也有許多新商品問世，其中有些陳列於店面，或是透過廣告宣傳。

現在的電視或網路影音服務平台，一年三百六十五天、每天二十四小時都有許多頻道在播放節目。在日常生活中，我們也會遇見各式各樣的人，聽到各種話題。

要把這些資訊完全記錄下來

當然不可能，但在如此泛濫的資訊當中，應該記錄的並不是新穎、變化中的，或是看似有趣的事物。

值得你記錄的，是你想擁有的事物。說得更仔細一點，想擁有的事物是指會刺激自我欲望，讓人產生想買、想使用、想嘗試的事物。例如：

- 在店裡看到的某個商品，想要購買。
- 得知某個活動資訊，想要預購票券、參加活動。
- 看到廣告或商品包裝設計，想要擁有這個商品。
- 看到與自己煩惱相關的文章，忍不住想點進去看。
- 在網路看到搞笑影片覺得很有趣，想在宴會上模仿表演。

這些會勾起欲望的事物，對你而言就是題材，並沒有種類之分。即使你覺得新奇、獨特、有趣，只要沒有勾起你的欲望就不算是題材，不需要記錄下來。

舉例來說，在我的題材筆記中，最上面寫著「泡沫會變色的洗手乳」，因為我想擁有這個商品才會記下來。我有個四歲的孩子很不喜歡洗手，如果他使用泡沫會變色的洗手乳，或許會因為覺得有趣而願意勤洗手。

「如果有，真想買來試用。」假如資訊啟動我「想擁有」的念頭，對我而言這就是題材。可是，不想擁有的人就不需要記下來。

假設我發現名為「手槍造型沐浴乳」的類似商品，也不會記下來，因為我不想擁有這個商品。雖然覺得商品奇特、有趣，是過去不知道的訊息，但僅只於此。那麼，為什麼只能記錄會讓人產生「好想要」念頭的事物呢？

光是有趣、新奇，無法成為企劃

如同本章開頭所述，企劃是為了賦予某人價值、滿足某人欲望而誕生的產物。

即使把想法具體呈現，如果沒有人覺得必要使用，一切便毫無意義。**在構思企劃時，多數人最常有的迷思，就是覺得只要有趣、前所未有、新奇，就打算做成企劃。**

工作時也常發生這種情況。即使某個企劃可能成功實現，自己也完全不會產生想要的念頭，卻只因為覺得新奇有趣，便提出企劃書。或許讀者也有這樣的經驗。

即使是工作經驗豐富的人也會犯這種錯。因為公司有提交企劃的時間限制，如果被逼到「有什麼就先交上去」的地步，更會狗急跳牆、隨便交差了事。或是為了主管，而勉強自己配合別人的想法，交出符合主管要求的企劃。

希望各位不要認為，這樣做出的東西就是企劃，因為即使順利通過提案、付諸執行，也會變成沒人想要的東西。運氣好一點可能會出現需要的人，但絕對稱不上成功。

企劃是滿足人們欲望的作戰計劃，是幫助想擁有什麼的人實現願望的工具。**如果自己沒有產生「絕對要讓這個企劃成功實現、好想使用這個產品」的強烈意願，就無法創造出優秀的產品。**

因此，在蒐集企劃題材時，只需要記錄想擁有的事物。唯有自己確定題材能勾起人們的欲望，才要記錄於題材筆記。光是看似有趣、前所未有、新奇，還不足以成為企劃。請各位一定要堅守這個原則。

別光靠 Google 大神找素材！上網找題材有訣竅

覺得自己是個無欲無求的人？

我每天都會出席各類公司的企劃會議，或是協助公司組成企劃團隊。在跟每個人交談的過程中，曾聽到有人說：「我覺得自己無欲無求。」

我多少能體會這樣的心情。如果問我真正想要的東西是什麼，我可能會回答：「家人平安健康地度過每一天。」不過，在日常生活中，每個人應該都會有想買、想用、想嘗試的念頭。**甚至可以說，生活是由一連串的欲望所構成**。所以，在尋找題材時，必須將焦點鎖定這些欲望。

尋找題材的場所

該去哪裡尋找能成為題材、令人想擁有的事物呢？第一個要舉出的例子果然還是網路。雖然有雜誌、報紙等各種媒體可以利用，但現今網路的資訊量及更新速度真的堪稱第一。

然而，面對廣闊的網路世界，該從何處、如何捕捉題材，確實是頭痛的問題。以我個人來說，主要透過以下兩個管道蒐集題材：

1. RSS閱讀器。
2. 推特（Twitter）。

接下來，我會依序介紹使用方法。

利用RSS閱讀器搜尋資訊

簡單來說，RSS閱讀器是一個閱讀軟體，你可以隨時得知訂閱的網站有沒有更新文章或報導，即使沒有打開網站或部落格，也能依序檢閱。只要點擊RSS閱讀器，就能定期瀏覽你想知道的網站報導。

RSS閱讀器以「Feedly」最有名，不過我個人使用的是「Inoreader」。好用當然是原因之一，更讓我更滿意的是，可以只瀏覽螢幕上跑出的各個文章標題，看到喜歡的再點開內容閱讀，非常簡便。

我利用Inoreader訂閱以下的網站，空閒時就會確認網站發布的資訊。

- GIZMODO JAPAN
- Gadget通信
- Rocket News 24
- GetNavi web

- Lifehacker〔日本版〕
- 日經 TrendyNet
- Daily Portal Z
- omocoro
- 100SHIKI
- 東洋經濟 ONLINE
- DIAMOND ONLINE

以上只是部分例子，最重要的是從各種不同領域發現自己想擁有的事物。

我每天都會確認這些網站，從上面得到許多能刺激欲望的資訊，像是流行、技術相關資訊，或是有趣話題等。當發現想擁有的事物時，先儲存於 Evernote，再以「一行筆記法」將資訊記錄於題材筆記（關於一行筆記法的詳細內容可見052頁）。

我目前登錄的網站約有十至十五個。這些網站一天大概會上傳一百則左右的文章，我會滑動螢幕，只大致瀏覽標題。

從 Inoreader 轉檔至 Evernote 儲存

Inoreader 文章網站畫面一覽

要把文章存檔成為題材，只需要按右上的圖示

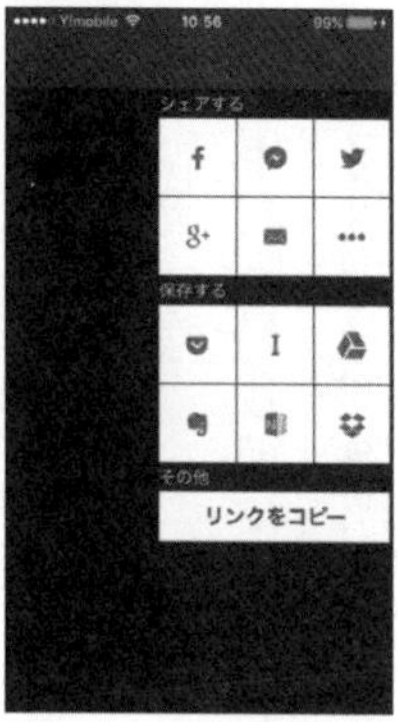

按下 Evernote 的圖示，儲存完成

※以 iPhone 為例

如果堅持每天蒐集許多題材，容易花費太多時間而心生厭煩，無法持之以恆。

我能樂在其中，是因為**告訴自己：一天只要能蒐集到一個題材就很幸運了**。

此外，我會隨時更換訂閱的網站。當我覺得能從某個網站蒐集到許多題材時，就會訂閱RSS。如果追蹤一段時間沒有找到適合的題材，就會取消訂閱。

不勉強自己、只要一有時間就瀏覽，再利用RSS閱讀器將資料整理存檔，才能每天開心地蒐集題材。

利用推特補充資料來源

除了訂閱ＲＳＳ文章之外，我使用推特蒐集資訊，作為補充。我平常追蹤的推特帳號大概有三、四百個左右，而且隨時更換追蹤的帳號，讓資訊來源維持最佳狀態。

使用推特蒐集資料有兩大優點。第一，除了可以追蹤新聞帳號，**還可以追蹤自己感興趣的朋友或名人，查看他們的推文或是轉推的資訊。**看到某人對自己不知道的事情發推文，如果自己對此產生想擁有的念頭，就可以當成題材收藏。此外，有些人會把每天想到的事情發成推文，若是從這些推文中發現題材，我也會記下來。

第二個優點則是我經常使用的技巧，**以關鍵字在推特搜尋「想做、想擁有、想嘗試」等，可以搜尋到熱門的推文、掌握多數人的欲望。**這些是在新聞報導裡找不到的珍貴資訊。

我現在馬上用這些關鍵字去搜尋，會找到「想當偶像製作人」、「想嘗試情侶裝」等推文。這些欲望當中，如果有讓自己覺得「如果有這種東西，我也想要！」的想法，就可以把它當作題材。舉例來說，我記錄：

- 偶像製作人一日體驗營。
- 夫妻情侶裝活動。

透過推特能發現許多人的欲望，並從中獲得靈感，建議你試著多加利用。順帶一提，我的帳號是 @simpeiidea，各位讀者可以到我的主頁，參考我追蹤的其他帳號。

專欄

多想想自己要什麼，而不是別人要什麼

在推特上尋找題材時，雖然只要將會讓自己產生「如果有這種東西就好了」的推文記錄下來，但關於尋找推文的筆記方法，還是要詳細說明。推特是可以搜尋到許多人欲望的網路平台。不過，前面舉出的例子「想當偶像製作人」或「想嘗試情侶裝」，都只是別人的想法，並非自己的欲望。因此，在思考點子或企劃時，很難和自己「想要」的企劃有所連結。

不要只是單純地記錄欲望，而是要從中找出自己也想擁有的理由。

舉「偶像製作人」的例子來說，我雖然不想當偶像製作人，但我想嘗試舉辦一日製作偶像體驗，所以寫下「偶像製作人一日體驗營」的題材。情侶裝也讓我想到，參加夫妻要連袂出席的活動，便寫下「夫妻情侶裝活動」的題材。

人們的欲望終究只能當作靈感，應該要重視的是自己的欲望。

除了網路世界，生活中也有豐富題材！

店面或商品包裝，也是靈感的寶庫

和網路、雜誌、報紙等媒體一樣，店面也是我的靈感寶庫。只要觀察每間商店，就能獲得非常龐大的資訊。

商店是為了販售商品而存在，陳列的商品琳瑯滿目，不論是自己想買的商品，還是與自己毫無關係的東西，種類相當多樣。我常說：只需要記錄下想擁有的事物即可。當你走進店裡，判斷「想買這個」、「不想買這個」的同時，便能蒐集到許多題材。

其中最有力的靈感來源是商品包裝。每件商品的包裝都是負責企劃開發商品的人絞盡腦汁，將最能夠傳達商品優點的部分展現給消費者。當你看到某個商品，讓你有「想買」的念頭，或許就是包裝發揮功效。

有可能是包裝上的一句標語刺激消費者的欲望，或是ＬＯＧＯ的設計讓人想要擁有，抑或包裝的造型、材質誘發購買的念頭。如果你知道讓自己想購買的理由，最好連理由也一起記在筆記本裡。

與人的談話中，也有許多題材

此外，與別人聚餐聊天時，也能挖掘到許多寶貴題材。每當我認識有趣的人，經常會單獨跟對方吃飯聊天，就像是所謂的「食聊」（譯注：「食聊（SASHIMESHI）」是在LINE LIVE播出的談話性綜藝節目，每次節目會邀請兩位不同的藝人為來賓，一邊吃午餐一邊交談）。

雖然一起用餐的對象只有一人，但可以盡情提問自己想瞭解的各種事情。**我一定會詢問對方喜歡或最近著迷的事物，瞭解其他人想擁有的事物是什麼。**

交談的過程中，你會知道對方最近購買什麼東西、想要什麼東西、想做的工作，或是未來夢想。如果其中有讓你產生共鳴，覺得「沒錯！我就是想要這個」、「想試看看」的新資訊，就可以記錄在手機裡。

邊聊天邊看手機難免會讓人覺得失禮，因此有時候要視情況詢問對方：「我可以把您說的這些話記下來嗎？」取得同意後再記錄。還有，可以在不會洩露內容的情況下，旁敲側擊地詢問對方，對自己目前正在策劃的企劃內容或點子是否有興趣（詳情參考116頁）。

你可以問：「如果有這種東西，你會想要嗎？」從對方的回應態度判斷點子好或不好。若對方沒興趣，便可能有所顧慮地說：「會想要呢……。」若十分感興趣，則可能不等你話說完就回答：「想要，想要！」因此，與各式各樣的人交談，耐心地記錄題材，可能是獲得企劃靈感的最快捷徑。

嘗試瀏覽沒有興趣的資訊

另外，更高階一點的技巧，是從自己不熟悉的領域蒐集令你想擁有的資訊，這也會使題材筆記變得更豐富多樣。

不論是在瀏覽網站的文章標題或在店裡逛商品時，會引起自己注意而想蒐集的題材，往往都是自己喜歡的類型。可是，即使其他領域與自己想做的企劃無直接關聯，也可能由此找到刺激欲望的資訊。若能深入瞭解新領域的事物，我們擁有的知識和想像創造力會更加多元。

各位讀者應該試著留意自己不瞭解的新聞標題，不論是網站、報紙或是雜誌都可以，只要閃過「這在說什麼？」的念頭，請把它當作一個深入瞭解的好機會。試著閱讀內容，當中若有你想擁有的事物，就當成題材記下來。這可以讓你的題材範圍朝新的方向擴展，想出更多新企劃。

以下和各位分享我的經驗。有一天我在網站看到一篇文章，標題出現「Coupling Fragrance」的關鍵字。雖然我不知道這個關鍵字的意思，但從字面來看，我猜想應該與香水有關、為女性讀者撰寫的美容類文章。

老實說，我對美容方面沒什麼興趣，若是依照平常的習慣，根本不會點進去閱讀。然而，越是不關心的領域，越可能成為發現新事物的寶藏之地。於是，我點開那篇文章。

我看完後才知道，「Coupling Fragrance」是指情侶香水。男女各自使用不同款式的香水，感受彼此香氣的同時，也能享受這兩款香水產生的和諧搭配。我雖然沒有意願嘗試，卻發現從未想過的欲望：「如果女朋友為了跟自己見面，而用心挑選香水，一定會非常開心吧！」

從男性的角度出發，「希望女朋友這麼做」的欲望成為企劃的靈感，而開發出為女性設計、同時受男性喜愛的商品。

有時，工作中必須負責自己毫無興趣的專案。或許你認為這是一道難題，但它同時是個機會。**如果能找出重要元素，讓原本不感興趣的人產生欲望，很可能打造出令大家喜愛的企劃。**

突然浮現的慾望與想法，其實是更珍貴的原料

突然浮現的想法也是題材

目前為止，已介紹過從網路和實體場所蒐集題材的方法。不過，偶然浮現在腦中的念頭，應該也有令你想擁有的事物。在題材筆記中，除了記錄自己日常蒐集到的題材，也必須記下靈光一現、不是特別重要的想法。

為什麼必須記錄突然出現的想法？因為對你來說，察覺到「有這個東西很好，但為什麼沒有呢？」非常重要，而且會成為世界上獨一無二的珍貴題材。

某日我突然想到：

雖然有各種交換名片的活動或聯誼會，但也不一定記得手上的名片是和誰交換而來，這樣參加活動實在沒什麼意義。如果規定每人只能交換一張名片，不就可能成為人生中重要的邂逅嗎？如果能辦個像『相親紅鯨團』（※見下頁）的商業聯誼會，彼此告白後再交換名片，或許就能記住對方，也更有意義？

這不是從某處獲得的資訊，而是我臨時想到的點子，自己也想嘗試看看，因此必須記下來。這時我會在筆記本上寫下：只能交換一張名片的商業聯誼會。這也是個很棒的題材。

不論是實體物品或只是想像，只要是會讓自己想擁有的事物，都會成為日後尋找靈感時的珍貴題材。記錄這些突發奇想需要技巧，我將在後面的章節中詳細介紹（參考054頁）。

首先，從日常生活中尋找能激發欲望的事物，並將每次浮現在腦海裡「如果有，真想要、真想買」的事物，記錄於題材筆記。

如此一來，你的題材筆記會充滿從外在發現、從內在產生的欲望。這本筆記不需要整理，只要列出所有你想擁有的事物，題材就會日益豐富，提升題材筆記的力量。

※相親紅鯨團：富士電視台在一九八〇年代後期至一九九〇年代中期，播出的團體相親節目。主持人是搞笑藝人「隧道二人組」，參與者以素人為主，正式名稱為「NERUTON紅鯨團」。

節目流程的組成分為「見面時間」、「自由時間」，以及最後由男方向女方告白的「告白時間」。

在這個階段，當其他男性也想向中意的女性告白，呼喊「等一下」常將節目帶入高潮。後來，該節目的名稱「NERUTON」成為團體聯誼派對的代名詞。

專欄

從部落格著手，那裡有你沒看過的好想法！

我現在每週發行一次電子報，內容就像寫日記一樣，將日常發生的事情或感想寫成文章。而且，將自己的欲望，以及「如果有就好了」的題材記下來。**因為是寄給讀者的電子報，我規定自己必須每週發布一次。**

為了尋找電子報的主題，我習慣將平時感受到的欲望記下來。有個能發布的媒介，就能更樂於尋找題材並持之以恆。

以我個人來說，定期發行電子報是保持習慣的最佳方法。不過，各位可以透過社群網站、部落格或其他適合自己的方法，持續發布訊息，試著尋找題材。

用手機與 Evernote 記下靈感，能隨時隨地查閱

利用智慧型手機和 Evernote 製作題材筆記

雖然已詳細介紹蒐集題材的方法，但什麼才是最佳記錄工具呢？為了能持續、有效率地記錄，找出適合自己的方法非常重要。根據我過往的經驗，最好能夠建立一個可以隨時隨地讀取、閱讀的題材筆記。

我現在使用 Evernote 當作我的題材筆記，它可以同時安裝於手機和電腦，一旦發現題材或浮現新的想法，只要輸入即可。我並未刻意將題材分類，只是將想擁有的事物以一行文字依序記錄。也不需要依照日期分類。只要讓自己日後回顧時看得懂，用條列的方式記錄即可。

我用這種雜記方式有兩個理由。第一，這可以輕鬆、迅速記錄題材，事後不需花時間整理，也就是說，我採用最簡單的方法。如果不用這種方法，光是整理就會耗費許多時間，最後反而會嫌麻煩，導致無法持續記錄，結果以放棄收場，這樣真的太可惜了。

另一個重要的理由是，**把各種題材當成原料，會產生化學反應者才能成為好企劃。**

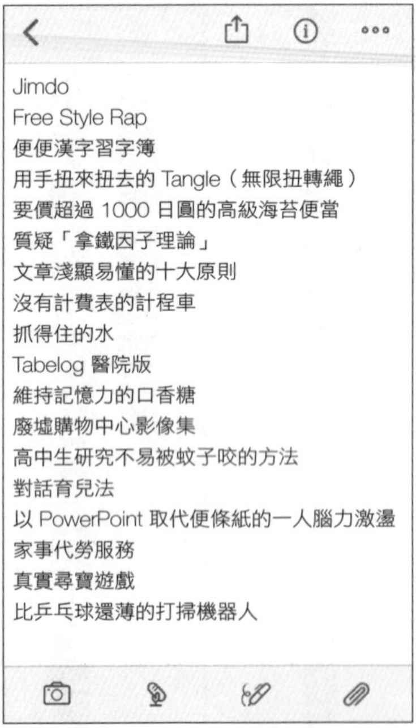

若是過度整理題材筆記，當日後想找出與該企劃課題有關的靈感時，恐怕已經捨棄了會產生化學反應的題材。

假設在瀏覽八卦相關報導時，看到「預防外遇絕招」的標題，於是將它當作題材記下來。

然而，這類題材往往讓人覺

得，只有在企劃大人用的商品時，才派得上用場。不過，在企劃幼兒玩具時，這個題材也可以成為靈感來源，讓我想到防止外遇的幼兒玩具（如下圖，雖然不曉得能否實現）。

但如果已經先將題材分類，出現全新組合的可能性便會大幅降低。

原本認為能運用在企劃大人用商品，因而記下的題材，卻在思考如何設計幼兒玩具時派上用場，反而讓你產生突破性的想法。因此，為了可以使各種題材帶來全新靈感，進而想出好點子，不需要整理題材，只需全部記錄在一起即可。

預防外遇的幼兒玩具

特徵

若非雙親共同操作，布偶就不會動。

↓

爸爸和媽媽必須手牽手操作木偶，可增進夫妻情感。

記錄題材有3重點：一目瞭然、搜尋後就懂，還有……

即使只有一行，也不能小看記錄方法

記錄題材時基本上以一行的方式書寫。雖然只有一行，也有特別的記錄方法。

我將一行筆記的書寫方式分為以下三種：

1. 只要搜尋，就知道在寫什麼的筆記方式。
2. 搜尋後，知道要看哪個部份的筆記方式。
3. 搜尋後也看不懂，之後才會想起來的筆記方式。

接著，我將依照順序說明。

只要搜尋，就知道在寫什麼的筆記方式

看到有趣的商品或服務時，只需要記下該商品或服務的名稱即可。現在網路的搜尋功能相當便利，日後回顧題材筆記時，如果搜尋這個詞，就可以完全知道是什麼樣的事物，只記錄名稱也沒問題。

很久以前，我從網路文章中得知「Uber」和「Airbnb」的服務，當時只覺得有點想使用看看，因此只在 Evernote 中輸入 Uber、Airbnb。Uber 成立於二〇〇九年，是來自美國的叫車服務。Airbnb 則是民宿配對的服務網站。我想應該許多人都知道這兩個服務。

兩者現在都是非常知名的服務網站，不過我剛知道時，為了不讓自己忘記，還是把名稱記下來。但不要只記下來，日後一定要試著搜尋看看。實際點進網站、搜尋這個題材究竟是什麼，一定要確認後才算結束。

雖然現在 Uber、Airbnb 已是人人皆知的服務網站，你可能會覺得沒有記錄的必要，但我認為不盡然。想擁有的事物隨時隨地都對各種企劃製作有幫助。

例如 Uber 就曾帶給我不一樣的想法。當時我正在籌劃玩具的促銷企劃，剛好發現題材筆記中，很久以前記下來的 Uber。當下就想：「可不可以在聖誕節時，用類似Uber 的服務，來承擔聖誕老人的任務呢？」

於是，我把這個構想取名為「大家都是聖誕老人」。這個構想類似透過個人司機送餐的「UberEATS」，在聖誕節當天讓司機穿上裝扮的衣服，化身為聖誕老人開車配送禮物。

像這樣將讓人想買、想使用、想嘗試的題材，與意想不到的課題配對，便能產生新的構想（關於配對方法會於第二章說明）。

搜尋後，知道要看哪個部份的筆記方式

接下來要介紹，當面臨「哪個部分會成為靈感來源」的問題時，該如何做筆

記。舉例來說，你在店裡發現某件商品，其包裝設計讓你覺得會令人不自覺想買，便可以寫下「〇〇〇（商品名稱）的包裝」。

你在瀏覽題材筆記時，若想參考商品的包裝設計，便可以用這個題材搜尋關鍵字；若不需要參考商品包裝設計，直接略過也沒關係。倘若是近期絕對會再瀏覽的題材，也可以先將網址貼上。

我在二〇一七年開發並發行的紙牌遊戲「民藝運動場」，其包裝設計就是參考某項商品的包裝。設計重點在側面。將所有卡片畫於盒子四周，彷彿告訴消費者：「購買就能一次擁有這麼多魅力十足的紙牌。」

設計的參考對象，是一款名為「胖虎狂語紙牌」的商品，這個商品在包裝盒背面將所有卡片全部排出來，讓人看了覺得能一次擁有這麼多張卡片，想像獲得後的喜悅感。我自己看到「胖虎狂語紙牌」時，也是毫不考慮地購買。

將題材中值得日後參考的部分明確記錄下來。不論是配色、標題、內容物的某個部分，只要清楚記錄成為題材的部分，日後便能派上用場。

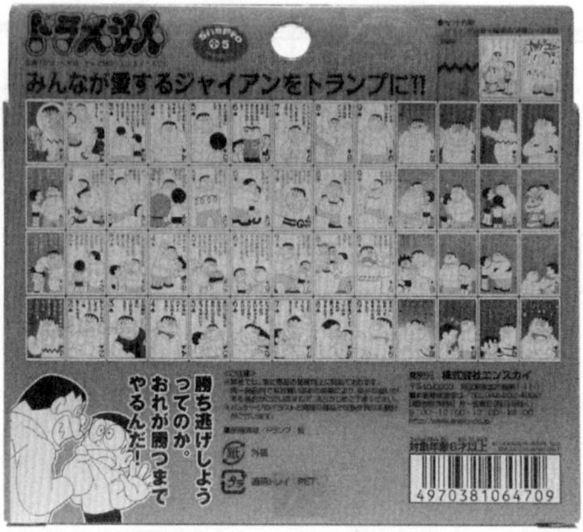

「胖虎狂語紙牌」

（發行商：Ensky）

所有紙牌的設計圖案排列於盒子背面，讓人因為能一次擁有這麼多卡片，而感到開心。

「民藝運動場」

將所有卡片的圖案一字排列於盒蓋的四面。參考能讓人一次擁有、感到物超所值的商品包裝設計。

搜尋後也看不懂，之後才會想起來的筆記方式

最後一種筆記方法，可用於腦中靈光乍現時，將完全由自己構思、無法從網路搜尋到的題材記錄下來。

舉例來說，每當我在咖啡廳裡工作時，因為椅子硬，總是坐得腰酸背痛，再加上因為用電腦打字，肩膀覺得很不舒服。這時候，腦中突然閃過一個念頭：希望有個人可以幫我按摩。

「要去快速按摩嗎？可是，待會回來還得再重新點飲料。如果能結合快速按摩和咖啡廳就好了。

「如果有按摩咖啡店，不是很棒嗎？除了可以按摩，還可以一邊用電腦工作。如果幫我按摩的人是個可愛女生、頭腦聰明，還可以跟她聊工作上的煩惱或心事，不是更開心嗎？」

類似的想像會不斷擴張。把浮現的想法當作題材記下來，你可以寫成：「按摩肩膀咖啡店　和女孩討論工作方面的事。」

浮現在腦中的題材為了日後回顧時能看得懂，必須再寫出確實的目的和想像的範圍。但如果說明太過冗長，不僅浪費時間，也耗費心思。將概要和產生欲望的理由記下來，並且盡可能簡潔，方便日後回想。這種筆記技巧或許需要花時間練習，不過擁有這項能力後一定會有所助益。

這就像訓練自己透過簡潔語句，將想擁有的事物傳達給未來的自己。這些簡潔扼要的題材，在日後構思企劃案時，能發揮極大的效用。

企劃越能以簡短語句傳達內容、激發他人欲望，越具備強大的宣傳效果。為了找出成為企劃材料的優秀題材，必須訓練自己具備摘要的筆記能力。

別讓靈感跑掉！任何時候都能馬上記錄的技巧

讓靈感瞬間消失是最浪費的事

當初會想製作題材筆記，是因為想把腦中無法記住的企劃素材，儲存在一個能隨時隨地讀取閱讀的地方。

大腦其實很健忘，剛記住的馬上就忘記。即使你吸收許多新資訊，如果讓它們一件件從記憶中消失，根本只是浪費時間。為了往後能提出更多企劃，務必養成習慣立刻捕捉有利題材。

大腦無時無刻想著各式各樣的事情，若把題材保存在腦中，哪天可能會突然迸出有趣的點子。但如果隨便放著而不加理會，新的點子會以驚人的速度迅速消失。

如果可能成為優秀企劃的題材就此消失不見，實在非常可惜。消失不見的題材，搞不好具備幾千萬甚至幾億元的價值。

以構思出「無限氣泡捏捏樂」的點子為例，我是在企劃會議的前一天，而且是深夜時分才想到這個點子。

當時，我總覺得隔天預計要在會議上提出的企劃不夠好。我不斷思考該如何是好，在辦公室裡來回踱步，偶然看見了氣泡紙捲。當下閃過靈感：「如果能一直擠壓氣泡，一定讓人覺得很暢快！」

當時智慧型手機尚未問世，因此我趕緊回到座位，記下這個一閃而過的靈感（題材），並一股作氣寫了一份簡單的企劃概要。如果當時我任憑這個靈感在腦海裡漂流、不知不覺忘記，也許就無法開發出這款熱門商品。

此外，雖然前面也推薦大家使用 Evernote，但其實以我目前使用的智慧型手機啟動 Evernote，都還需要數秒時間。在這短暫的幾秒之內，也有可能忘記自己要記下的內容。

因此，每當想到非常棒的題材時，我就會立刻開啟電子郵件的軟體，先把想法輸入進去。或許各位會覺得這個方法很傳統，但這麼做才不會讓浮現的題材消失，是非常重要的步驟。

不要錯過洗澡或躺在床上時浮現的靈感

最常遺忘題材、讓靈感消失的，是洗澡和躺在床上的時候。為了想出好點子而腸枯思竭、腦袋快爆炸時，只要去洗澡或躺進被窩裡放鬆一下，總能不可思議地突然想到新點子。

為什麼想到山窮水盡，一旦放鬆就會有點子浮現呢？雖然我並不清楚箇中原因，卻經常發生這種事情。如果這時沒有及時把浮現的想法記下來，真的會馬上消失。

把手機擺在枕頭邊，若躺在床上突然想到

好點子時，就能馬上記下來，但最麻煩的是洗澡時。我自己在浴室牆上掛了兒童沐浴用的繪圖白板，洗澡時若想到什麼點子，就可以馬上寫在白板上。這些題材可能會成為奇珍異寶，絕對不能讓它憑空消失。

會議中浮現的靈感，就交給便條紙捕捉

開會時，一面聽大家發表意見，自己的腦袋同時也會轉個不停，出現許多想法，但當你努力尋找發言時機，這些想法卻又容易消失無蹤。各位應該都有過類似的經驗吧？若因為這樣而讓自己的想法消失，真是非常可惜。

有人會害怕在會議中發言，是因為抓不到發言的時機而感到手足無措。為了在發言時機到來時，能把想說的話說出口，請先將想法記下來。我的做法是：**會議中別人發言時，如果想到什麼，就先寫在便條紙上，當成發言的「子彈」，貼在面前的桌上。**

這是會議中的戰鬥筆記。為了不要因為錯過發言時機而讓想法消失，我會將想

法寫在便條紙、貼在面前的桌上。當討論停滯時，就可以趁機表達。即使沒有機會發言，也可以把這些便條紙帶回去當成題材保存。

此外，當有人看到我貼了這麼多便條紙，便會問：「那是什麼？」這時就讓我獲得了發言機會，跟大家分享我的想法，並讓話題擴大。因此，在開會時一定要有意識地留意腦中的想法，並訓練自己記錄下來。即使不敢發言，也能對討論有所貢獻，用便條紙寫下想法，就像記下筆記，從會議中找到想要的題材。

第一章至此，已介紹如何把搜尋到或想到的題材記錄、儲存下來，並製作專屬題材筆記的技巧。下一章將介紹如何使用儲存的題材，來量產企劃案的點子，重點在於「配對」。接著，我們進入令人開心的「點子創作」吧！

重點整理

- ☑ 企劃是滿足人們欲望的作戰策略，必須賦予某人價值、滿足某人的需求。
- ☑ 值得記錄在題材筆記的，是會刺激欲望，進而讓人產生想買、想使用、想嘗試等，願意做出行動的事物。
- ☑ 生活是由一連串的欲望構成，在尋找題材時，必須將焦點鎖定於欲望。
- ☑ 不要只是單純地記錄他人的欲望，而是從中找出自己也想擁有的理由。
- ☑ 從日常生活中尋找能激發欲望的事物，將每次浮現「真想買」的事物記錄在題材筆記。
- ☑ 建立一個可以隨時隨地讀取、閱讀的題材筆記，以便持續、有效率地記錄。
- ☑ 以一行的方式記錄題材，訓練自己以簡潔的語句傳達資訊。

☑ 利用手機、白板、便條紙，記下可能會成為奇珍異寶的題材，別讓它憑白消失。

編輯部整理

NEW

第2章

鬼點子枯竭嗎？「配對筆記」讓你一天內想出100個！

行銷學課本無法讓你的靈感源源不絕！

有人教過你製作企劃的方法嗎？

雖然有了題材筆記，但無法馬上幫助你完成一份完整的企劃，你必須先想出企劃「原案」的點子。因此，從第二章開始將說明製作原案的方法。

簡單來說，製作企劃要先想出許多點子，再從適合的點子中，找出能賦予人們價值的具體方法。換句話說，發想只是企劃的前置作業，不需要在意是否真的能實現。在這個階段你只需要激發腦力、自由想像出許多點子。

比行銷理論更重要的事情

研擬商業企劃，製作出能為顧客帶來價值，並有效創造收益的過程，稱為「行銷」。行銷的基本流程如下：

1. 環境分析：掌握現在的市場狀況（3C分析、SWOT分析等）。
2. 基本策略：依據環境分析的資料，研擬策略方針（包含市場區隔、選擇目標市場、市場定位等）。
3. 具體的執行策略：為了達成基本策略，而研擬的實施策略（4P策略等）。

大多數的人先學習前述的行銷基礎，並獲得實踐的機會。市面上也有許多與行銷相關的教科書。依照市場行銷順序思考如何行銷或許很重要，但我認為，最重要的是「我們到底要做什麼」。也就是說，這個企劃提供的東西，能滿足人們的欲望至何種程度。

如果只是一味遵循行銷理論，但最後的成果無法滿足人們的欲望，這個企劃便毫無意義。**我認為，倘若一開始過度根據行銷理論來構思企劃，反而無法產出強而有力的成果，造成企劃本身失去價值。**

此外，行銷理論雖然可以透過教科書學習，但是企劃或點子無法透過書本學習。我出社會後的第一份工作是負責商品企劃，但我卻從未明確學過製作企劃的方法。

大家總認為，企劃或點子的好壞，端看個人的感知能力。或許現實中真的有人感知能力很強，可是若真是這樣，不具備這種能力的人就要傷腦筋了。必須具備良好的感知能力，才能做出好企劃或想出好點子的觀點，根本大錯特錯。

將題材筆記活用於必須面對的課題

不論在職場或日常生活，每個人眼前都會出現必須解決的課題。在職場中，你可能需要想出會暢銷的商品企劃、促銷策略、工作的改善方案。即使在興趣、學業、家庭等方面，都有各種課題等待你解決。

閱讀完第一章的讀者，都知道要將自己想擁有的事物，記錄在自己的題材筆記。不過，題材筆記並非一天一夜就能完成，如果能樂在其中、持續豐富題材筆記的內容，對於必須經常構思企劃的人而言，等於為自己裝備一項強而有力的武器。

有了題材筆記，就可以輕鬆量產企劃原案的點子。接下來，我為各位解釋量產點子的方法。

發想點子有3原則，先求量多再求好

發想點子的三大原則

想完成一份完整的企劃案，你必須先構思出企劃的原案，也就是點子。要想出點子有三大原則，以下是我根據自身經驗整理出的三個原則：

- 原則一：點子要以「課題」×「題材」來思考。
- 原則二：點子的「量」重於「質」。
- 原則三：先想「爛點子」。

原則一是構思點子的基本方法。發想時，隨意地將題材或想擁有的事物與課題配對，進而想出能刺激人們欲望的點子。不過，在詳細介紹這個方法前，我先說明發想時非常重要的思考原則二和三。

點子的數量重於質量

關於原則二「點子的量重於質」，是構思時的絕對原則。我們總接到要想出新點子的指令後，在「必須想出點子」使命感的壓迫下，才開始思考。導致常發生腦袋一片空白，什麼都想不到的狀況。各位讀者應該都有過這樣的經驗吧？

正是因為你想要找出好點子，才會陷入這種困境。每當有人要你想些點子，我們總會認為對方是叫我們想出「好點子」，儘管事實上可能也是如此。

我擔任企劃研習講師時，都會在一開始時詢問學員：「認為自己是點子王的人請舉手」，結果幾乎沒有人舉手，這顯現出大家有「點子＝好點子」的迷思。

然而，我可以斬釘截鐵地說：好點子不是突然說有就有的。我以專業身分從事企劃工作也有十幾年的資歷，從來沒發生過想要好點子，就能馬上想到的好事。

認為「一開始就要想出、發現好點子」就大錯特錯。為了構思好點子，至少要先想出十個、二十個、三十個……點子，增加數量是找到好點子的最佳捷徑，也是只要多加練習，人人都能辦到的唯一方法。

好點子好比一百個人當中只有一個人合格

突然要你尋找好點子，容易讓人喪失自信、感到麻煩，最後反而讓思考陷入停滯。相反地，如果你覺得什麼都行，盡可能想出各式各樣的點子，一旦你想出一百個點子，就能從中選出第一名。

如果把這個情況，想成是一百人中只有一個人考試及格，那這個人真的是相當出色的人。選項的母體數越大，在那之中最好的點子就越優秀。

當然，不是要你一下子就想出一百個點子。但相較於一次就想出好點子，這個方法確實人人都做得到，也比較輕鬆簡單，希望各位讀者都能試著實踐看看。

當我開始以創意工作者的身分工作時，也無法立刻想出可行的點子。一直告訴自己要想出好點子，反而容易讓思路堵塞。不過，只要能善用本書介紹的點子發想法，要在一個小時內想出一百個點子，也是輕而易舉的事。

也許這些幾乎都是派不上用場的爛點子。但這麼做，確實能從一百個當中，找出第一名的好點子。

先從爛點子開始想起

第三個原則是「先從爛的點子開始想」，這是可以達成量重於質的方法。如我先前所說，你只要開始產生一絲「希望想出好點子」的念頭，思緒就會踩煞車。

當你發想大量點子時，就算第一個寫下的內容「早就有人想過」、「太普通」、「像哆

啦A夢的道具一樣夢幻」，這些被認為不夠好或派不上用場的爛點子，反而更應該記下來。

接下來，**再以爛點子為基礎，稍微換個方向想想或是改變思考的角度，「如果反過來思考會如何？」「若更實際一點又會變怎樣？」**如此一來，第二個、第三個點子就會輕而易舉地出現。

儘管沒有特別注意，人們都會將自己的想法往好的方向修正，所以請務必記住：先想出點子、讓數量增加，才是最重要的環節。只要開始增加數量，腦中就會不斷浮現讓你覺得「這個好像不錯」、「或許很棒」的點子。

如果你能實際執行接下來介紹的配對點子發想法，連自己丈二金剛也摸不著頭緒、不可能實現，或者完全偏離課題的發想，都會源源不斷地出現，自然無法讓你的想像力踩煞車。

在發想點子的階段，反而要先想些沒用的點子，把所有想到的點子記下來。

「課題×題材」，可以迸出耳目一新的構想

認識配對的基本形式

作為企劃原案的點子，是由課題與題材配對而成。比方說，你現在必須設計出新的健康照護軟體。這可能是公司的指令，也可能是你想拓展的新事業。總之，你現在必須思考，如何設計出適合多數人使用，且能賦予人們價值的軟體。

此時，企劃的課題是「健康照護」。將這個課題，與題材筆記中的題材配對，就能不斷創造出新點子。

那麼，什麼樣的課題要跟什麼樣的題材配對呢？就結論而言，我認為「什麼都可以配對」，詳細將於095頁解說。**所有的題材不必經過挑選，只要一個個與課題配**

對，就能出現越來越多的新點子。

那麼，我們實際試試看吧。舉例來說，題材筆記中記錄一行「家事代勞服務」，應該是因為想把家裡整理得一塵不染，才會將這個欲望記下成為題材。

接下來試著與「健康照護軟體」的課題配對。健康照護軟體╳家事代勞服務，會出現什麼呢？各位想到了嗎？我現在腦中第一個浮現的點子是：輕鬆呼叫個人教練的軟體。

家事代勞服務有許多管道，現在甚至只要以ＡＰＰ預約，清潔人員就會到府幫你把家裡整理乾淨。這個服務促使我產生以下的想法：「運動時，如果需要教練在旁邊給予指導的人，可以透過ＡＰＰ預約，請教練到家裡一對一指導，這樣不是很棒嗎？」於是，第一個點子就這樣誕生了。

先不管這是否是個好點子？是否能實現？起碼在那一瞬間，我直覺地想到這個點子。

雖然已經簡單介紹這個構思流程，但或許還是有人無法這樣思考。別擔心，只要知道方法，就可以輕鬆構思點子。接下來，我更進一步說明。

配對到底是什麼？

運用配對的方法構思點子時，我的思考順序如下：首先你要先回想被你記錄為題材的理由。換句話說，就是先思考「為什麼會想要」這個題材。

當你記下居家清潔服務的題材時，腦海應該會浮現這麼多想試著使用的理由：

- 想向專家學習把家裡變乾淨的技巧。
- 想讓自己輕鬆一點。
- 想送禮物給太太。
- 希望房屋可以使用得長久。
- 不想碰觸髒的東西。
- 想花錢奢侈一下。
- 想在乾淨的浴室洗澡。
- 想讓家的氣味變好。

- 想防止霉菌滋生。
- 想讓家人開心。
- 想知道是什麼樣的服務內容。
- 如果運氣好，說不定會遇到帥氣或可愛的清潔人員。

試著回想當時記錄這個題材的理由時，應該會出現許多想法。把這些浮現在腦中的想法與課題配對，就會出現以下結果：

【課題】健康照護APP

×

【題材】家事代勞服務　**【配對後想出的點子】**

欲望　想向專家學習把家裡變乾淨的技巧　↓專家個別運動指導APP

欲望 想讓自己輕鬆一點　↓指導不會腰痛的打掃技巧ＡＰＰ

欲望 想送禮物給太太　↓可以將瘦身菜單當作禮物的ＡＰＰ

欲望 希望房屋可以使用得長久　↓介紹健康長壽的保健方法ＡＰＰ

欲望 不想碰觸髒的東西　↓淨化體內的遊戲ＡＰＰ

如上所述，將題材中讓人想擁有的理由套用於課題，再自由聯想，這就是構思點子的基本步驟。

當我構思點子時，不會寫下想擁有題材的理由，再一個個配對。我只會在腦海裡思考想擁有的理由（如下頁圖上方「模模糊糊浮現的想法」部分），等到配對後，再將聯想到的點子逐一寫下來。

不過，剛開始還是建議各位把想擁有的理由寫在筆記本上，一個一個配對想出新點子。在習慣且能從各種角度量產點子後，就可以提高找到適合成為企劃原案點子的可能性。

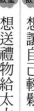

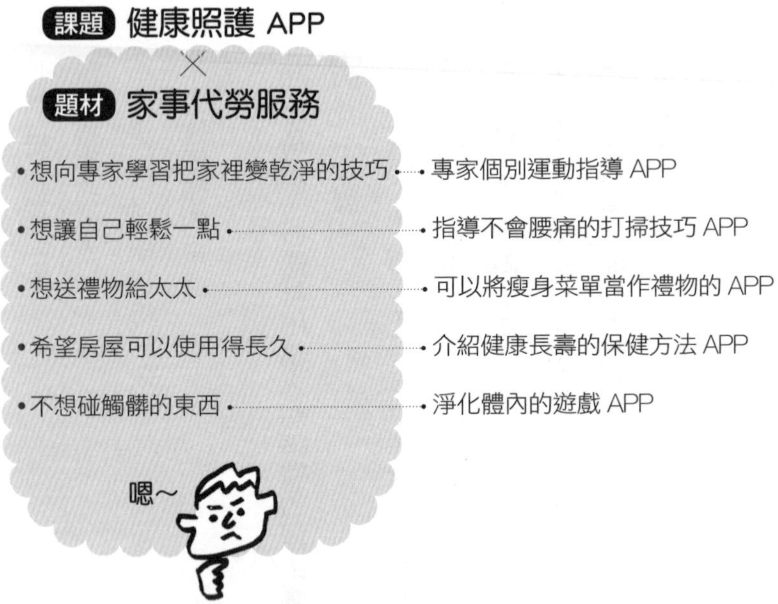
課題 健康照護 APP
×
題材 家事代勞服務
•想向專家學習把家裡變乾淨的技巧
•想讓自己輕鬆一點
•想送禮物給太太
•希望房屋可以使用得長久
•不想碰觸髒的東西
專家個別運動指導 APP
指導不會腰痛的打掃技巧 APP
可以將瘦身菜單當作禮物的 APP
介紹健康長壽的保健方法 APP
淨化體內的遊戲 APP
嗯～

從配對方式看出一個人的個性

如果用文字來說明配對的方法，是**針對每個課題，搭配每個題材讓人想擁有的理由，再自由聯想出讓人想擁有的新點子。**

各位或許會覺得我的說明不是很清楚、有點隨便。不過，透過自由聯想，可以看出一個人的經驗、堅持的原則和嗜好，這正是構思點子有趣的地方。

此外，先不要評論配對產生的點子是好是壞。例如前面搭配想出的點子：

● 不想碰髒的東西　↓　淨化體內的遊戲ＡＰＰ

這個點子有點跳脫題材本身讓人想擁有的理由，有些偏移課題的軸心。儘管如此，還是要把想出的點子記下來，這是最重要且不能遺漏的步驟。如果你因為點子有點離題，而沒有記下來，就這樣把它丟棄在腦海中，真的非常可惜。

若你將「淨化體內的遊戲ＡＰＰ」這個點子記下來，日後再度翻閱時，或許會讓你聯想到：「如果在玩遊戲的同時，能讓人一邊實踐遊戲所指示的飲食生活，一邊幫體內排毒的話，我會想使用這個軟體。」

把爛點子也記下來，就可以互相比較，找出好點子的優點。即使自己看不懂意思，日後也很有可能成為有用的點子。

充滿新點子的配對筆記，應該怎麼寫？

用 Excel 記錄與保存配對筆記

截至目前為止，已說明如何透過與題材筆記配對，來構思點子，但接下來要告訴各位，這些配對的過程應該要儲存於何處，以及如何記錄。

我個人基本上會利用 Excel 來配對。各位可參考086頁、087頁的圖表，在上方輸入課題，並從 Evernote 中複製所有可以拿來配對的題材，再貼於課題下方。將題材以條列的形式列出來，然後將課題與每個題材想擁有的理由配對，並把聯想出的點子記於右側儲存格。

如果遇到一個題材可以讓你聯想到多個點子的情況，應該再記於右側相鄰的儲存格中。其中如果有你認為好的點子，便可撿選出來標上顏色（本書以灰色標記）。關於好點子的挑選方法，將在後面章節詳加敘述。

基於方便儲存，我選擇 Excel 作為配對場所，但習慣手寫的人，當然可以直接於筆記本中配對。

記錄點子要以自己最方便、最容易構思的方法為主。不過，若是在紙上書寫、配對，在想出許多點子後，建議還是找個方法把它們保存下來。**無論是什麼點子，一旦消失就不會再回來。讓好不容易想到的點子憑空消失，是最可惜的事。**

點子

認為好的點子

	D	E
	跟孩子一起學習正確的洗手方法	
	大家一起看腸內鏡的影片	社區綠化（不是活化腸道，而是為社區帶來朝氣）
	交換個性活動	變身為相反個性的活動
	搶答會議	
	上鏡讀書會	
	寫出最想點閱的文章的活動	
	與祖父母深入交談的活動	

課題

	A	B	C
1	聚集 100 名客人的活動企劃		
2	×		
3	泡沫會變色的洗手乳	→	潔淨晶亮刷牙活動
4	不會太甜的甜酒	→	促進腸胃運動活動
5	大人的數學教室	→	大人也來上的高中課程
6	優勢識別器	→	診斷彼此優點與契合度的相親活動
7	吸入式捕蚊器「歡蚊光臨」	→	學習不會被蚊子叮的方法
8	幫助思考部落格題材的 AI	→	製作一個月份部落格題材的活動
9	搶答活動 第一次的猜謎	→	就算不具備相關知識也能贏的搶答猜謎
10	變得更上鏡的練習鏡	→	決勝照片拍攝活動
11	「敷衍」與「馬虎」的差異文章	→	在小學也能學習大人的常識
12	The Silver Pro 寫給祖父母的信	→	與雙親深入交談的活動

題材

【案例】以「鉛筆盒」為題，一起實際挑戰點子配對

每個人都學得會的配對筆記

現在開始，由我出幾個課題，並且使用題材筆記中令人想擁有的事物，試著配對想出許多點子。可以的話，也請各位讀者一起動腦思考並實際操作。

或許有些人還沒有自己的題材筆記，也可能有人才剛開始製作。你可以參考本書最後的附錄，試著以我平常使用的題材筆記配對，或是可以現在從網路、實體店面，找出約十個你想擁有的事物，記錄於自己的題材筆記。剛開始使用到的題材，大約準備十個就夠了。

一起思考「新鉛筆盒」的點子

假設為了交出新商品開發案，各位要以製造商的企劃開發負責人的身分，試著構思點子。

公司交待你必須遵照公司方針，開發出新的鉛筆盒。此時的課題是「鉛筆盒」，請試著用我的題材筆記，量產可能成為企劃的點子吧。

首先，把題材筆記中的第一項「泡沫會變色的洗手乳」與課題配對。

請在腦中回想這個題材讓你想擁有的理由，然後將理由與課題搭配、聯想出新點子。

我想到以下點子：

【課題】鉛筆盒

×

【題材】泡沫會變色的洗手乳

【配對後想出的點子】

欲望	想鼓勵孩子洗手	↓獎勵用功讀書的鉛筆盒
欲望	想看變色的樣子	↓會因溫度而變色的鉛筆盒
欲望	想告訴別人自己的體驗	↓會遞上筆的鉛筆盒

如果再繼續以其他題材來搭配，就能不斷想出新點子。我平常會利用 Excel 來配對，各位讀者可以參考092頁、093頁的圖表。

如左方的圖表所示，你可以隨意將配對後的點子寫下來。不過，在這邊先舉幾個例子告訴大家，這些點子是經過什麼過程浮現的。我將「可能是好點子」的儲存格挑選出來並以灰色標註，以下先以這些案例來說明。

● 鉛筆盒×泡沫會變色的洗手乳

↓獎勵用功讀書的鉛筆盒

想利用泡沫會變色的趣味性，讓小朋友養成洗手的習慣。基於這個原因，想到可用鉛筆盒當作提振小朋友學習動機的獎勵。

● 鉛筆盒╳優勢識別器※

↓會隨生理節奏、身體狀況而變色的鉛筆盒

以「想知道自己的優勢與弱點」的欲望為基礎，想瞭解自己的身體何時最適合用功讀書，何時應該好好休息。於是想到：透過顏色變化，就能知道自己生理節奏、當日身體狀況的鉛筆盒。

※優勢識別器為美國蓋洛普公司所開發的軟體，回答線上問卷的一百七十七個問題，就能知道人類具備的三十四種優勢中，自己最強的前五項優勢。

● 鉛筆盒╳變得更上鏡的練習鏡

↓會提醒使用者做伸展操的鉛筆盒

	D	E
	隨溫度改變顏色	將筆遞給自己
	附暖暖包	
	字典型（中間是空的）	BBCall 造型或懷舊風
	特定的教學科目專用	依生理節奏、健康狀況改變顏色
	異性會靠近	
	輕鬆介紹部落格或社群網站	
	想睡時的喚醒功能	每天寄送問題的 IoT 鉛筆盒
	讀書過程督促適當伸展	
	打開就會教導英語單字	
	先放入遺言	

從「想拍出漂亮照片，必須放鬆表情肌肉」的欲望，讓我想到，看書一段時間後，肩膀或腰部會變得僵硬，為了不危害健康，應該要適時做伸展操。

如果開發一個安裝定時器的鉛筆盒，時間到了就可以提醒自己休息、做伸展操。

● 鉛筆盒×「敷衍」與「馬虎」的差異 文章

→**打開就會教英語單字的鉛筆盒**

當我在網路上看到一篇文章介紹「敷衍」與「馬虎」的差異時，因為

	A	B	C
1	鉛筆盒		
2	×		
3	泡沫會變色的洗手乳	→	越努力越受到讚美
4	不會太甜的甜酒	→	持續使用讓腸道改善
5	大人的數學教室	→	附工程計算機
6	優勢識別器	→	從選擇的筆判斷性格
7	吸入式捕蚊器「歡蚊光臨」	→	蚊子不會靠近
8	幫助思考部落格題材的 AI	→	不告知答案，而是教導思考方式
9	搶答活動　第一次的猜謎	→	附計時器
10	變得更上鏡的練習鏡	→	大笑就能恢復元氣
11	「敷衍」與「馬虎」的差異　文章	→	寫下絕對要記住的事情
12	The Silver Pro　寫給祖父母的信	→	復刻世界第一個鉛筆盒

我總是記不住這兩個詞的相異之處，於是想馬上點進去瀏覽。這個欲望讓我想出，可以開發強化記憶的鉛筆盒。

● 鉛筆盒×The Silver Pro　給祖父母的信※

→全球第一個鉛筆盒的復刻版

從「想跟祖父母深入交談」的欲望，想到如果使用祖父母兒時的物品，或許能體會祖父母當時的感受，因此浮現復刻物品的點子。

※ The Silver Pro 是每個月送信給祖父母的服務。

各位覺得如何？透過這樣自由聯想，一個題材就能想出好幾個點子，習慣後甚至可在一瞬間產生數十個點子，只要再從中選出好的點子即可。關於好點子的挑選法，將在後面章節中加以說明。首先請照這個方式，增加點子的數量。

不論你思考哪種類型的企劃，這個方法都適用。即使不是商品企劃，只要是為了滿足人們的欲望、賦予價值的企劃，都可以用這個方法思考。

不挑選題材，讓想像力自由揮灑、恣意飛翔

不需要刻意挑選與課題配對的題材

如果你的題材筆記已經列了各式各樣的題材，當新的課題出現時，不需要思考「這個課題應該跟哪個題材配對」，因為任何題材都可以拿來搭配。

當我使用 Excel 配對時，會從 Evernote 的題材筆記中隨意整理出一部分，複製後貼到題材欄，再依序一個個配對。

假設今天被交付的課題是玩具企劃，你便挑選了與玩具有關的題材配對，反而無法想出獨特點子。正因為是**挑出看似毫無關係的題材，與課題配對後，才能構思出不同凡響的點子**。

	D	E
	可以進入正在進食的嘴巴裡拍攝	
	實際體驗正念效果的活動	宣稱有益牙齒健康
	只放大咬巧克力的聲音給大家聽	
	對 APP 說「顆粒口感」就會配送給自己	
	去無人島旅行的禮物	宣稱有了巧克力，就不需要朋友
	網羅說了相同感言的人	以匿名方式送巧克力
	分享媽媽之友常見的糾紛	為了解決糾紛而送的巧克力
	召開點子會議時的必吃食品	使用咬巧克力發出的聲音來演奏曲子

從可配對的部分開始

上圖的配對筆記，是以「顆粒口感的巧克力促銷活動」為課題想出的點子。

在這個範例中，並未設定具體的商品規格或目標消費族群，而是試著自由發想後得到的結果。

接著，介紹配對後想到的幾個點子：

●顆粒口感的巧克力促銷活動

×黑暗聯誼

→感受黑暗世界的體驗會

	A	B	C
1	顆粒口感的巧克力促銷活動		
2	×		
3	智慧型手機大小的空拍機	→	發出咬的聲音，空拍機會飛出去
4	流淚活動	→	容易讓人大哭的廣告
5	可以測量嬰兒體溫的奶嘴	→	食用相當花費時間
6	Dialogue in Silence　無聲世界	→	在聽不到聲音的狀態下進食
7	喜歡的啤酒 Amazon Dash Button	→	賣點是不甜，但很美味
8	尼莫點　世界上距離人類最遠的地方	→	一個人食用的體驗販售會
9	黑暗聯誼	→	處於黑暗中的體驗會
10	利用人工智慧 APP 找到合得來的媽媽之友	→	透過人工智慧，通知適當的食用時間
11	Jimdo	→	向一般大眾招募網頁的選拔賽
12	Free Style Rap	→	用 RAP 談味道的廣告

從「身處黑暗中，讓五官感覺更敏銳」的欲望，想出讓消費者在黑暗中品嚐巧克力的體驗活動。

由於該巧克力是以口感作為賣點，在黑暗中品嚐巧克力，不僅能讓消費者感受到商品的美味，也可能造成話題。

● 顆粒口感的巧克力促銷活動
×Free Style Rap
↓**腦力激盪會議的必備食物**

腦海中浮現「像 Free Style Rap 般自由發揮」的欲望，聯想到「在公司的腦力激盪會議中，能夠不斷發言」。

「吃了巧克力後會刺激味覺，讓工作大有進展！」或許可以依照這個概念製作電視廣告。

在這邊要提醒各位讀者，不見得所有題材都能與課題完美配對，也有無法順利配對的時候。比方說，這邊提到的課題要與「黑暗聯誼」（在全黑環境下舉辦聯誼會）配對，你開始聯想：「在黑暗中品嚐食物，會是什麼口感？」或是「能否用於戀愛或聯誼上呢？」不斷浮現各種點子。

然而，如果要與題材「流淚活動」配對，但你沒辦法馬上想出點子，可以先跳過，用下一個題材配對。只要全面瀏覽後，盡可能記下讓你靈光乍現的點子即可，不需要勉強和所有的題材仔細配對。

課題與題材之間必須保持適當距離

這次，我們嘗試新的課題「提振員工士氣的制度」。運用不同的題材，找出能夠激發人們欲望的理由，並依此聯想與工作方式相關的點子。在此，同樣介紹這個課題與其他幾個題材配對後想到的點子。

● 提振員工士氣的制度╳訂價超過一千日圓的高級海苔便當

↓**讓員工因一技之長而晉升**

從「想品嚐與平日不一樣的高價食品」的欲望，聯想到「希望自己的才能可以獲得高度評價」，而且每個人應該都有這樣的想法。基於這個理由，想到「因一技之長而晉升」的點子。

● 提振員工士氣的制度╳沒有計費表的計程車

↓**雙手空空上下班的制度**

	D	E
	在洗手間擺放桌子	用「便便」打招呼
	在公司裡面建造沙坑區	
	以高價買進員工的點子	讓員工因一技之長而晉升
	製作時間表＆金錢分配表	
	不傳電郵，而是互相寫信	建立大家的理念
	為每位員工的特殊才能命名	在海邊工作也行
	所有員工以綽號稱呼	
	舉辦全員試膽大會，提升團結意志	

最初是因為「不想看到計費表的數字不斷上升，想無壓力地搭車」，後來「想要沒有壓力地自由走動、雙手空空出門」的欲望也浮現在腦海中，於是聯想出「雙手空空上下班制度」的點子。

例如：你準備一個擺在公司的專用公事包，用來收納小東西或電腦等必備物品，就可以從家裡帶著最少的東西，輕鬆愉快地上班。

● 提振員工士氣的制度╳抓得住的水

→為每位員工的特殊才能命名

	A	B	C
1	提振員工士氣制度的點子		
2	×		
3	便便漢字習字簿	→	社訓全部以「便便」表示
4	用手扭來扭去的 Tangle（無限扭轉繩）	→	發給所有員工手捏黏土
5	訂價超過1000日圓的高級海苔便當	→	吃一頓豪華的午餐
6	質疑「拿鐵因子理論」（Latte Factor）	→	討論會如何使用十億日圓？
7	文章淺顯易懂的十大原則	→	交換日記
8	沒有計費表的計程車	→	雙手空空上下班制度
9	抓得住的水	→	體驗上小學
10	Tabelog醫院版	→	聘請看護
11	維持記憶力的口香糖	→	不稱姓氏，大家都以名字稱呼
12	廢墟購物中心影像集	→	讓員工體驗一次不尋常的恐怖經驗

市面上有種商品叫作「抓得住的水」（可製作手抓得住的水球實驗工具組）。

當我看到這個商品時，除了勾起想購買的欲望，腦中更浮現「想模仿漫畫角色具有操控水的特殊能力」，進而想到「為每位員工特殊的才能命名」。

每個人都擁有其他人不具備的工作能力。如果為這項才能命名，大家可以如漫畫劇情般工作，將讓工作氣氛更愉快。

在這個課題中，可以從配對的題

材看到許多具有跳躍性思考的點子。在配對、發想時，最重要的步驟是讓腦袋出現各種跳躍性的聯想。

雖然前文中提過，不需要挑選配對的題材，但如果題材與課題太相近，想出的點子常與題材本身相似，最後變成單純在模仿題材。因此，課題與題材之間要保持適當的距離。

而且，將課題與每個題材想擁有的理由結合時，最重要的是保持跳躍思考和自由度。即使想到的點子與題材毫無關係，只要這個點子能再讓你產生其他令人想擁有的理由，就算是配對成功。

總而言之，不論哪個領域的企劃案，目的都在於滿足人們的欲望。從記錄著許多想擁有事物的題材筆記中挑出材料，並樂在其中與課題配對，就能創造出許多點子。

課題與題材的關係

✕ **不能挑選與課題配對的題材！**

如果題材與課題太近似或有關聯，常會想出太過相似的點子。

○ **課題與題材之間必須保持距離！**

課題與題材之間要保持適當距離，讓構思更有跳躍感，也比較容易想出奇特的點子。

善用「隨機字思考」，就能跳出框架產生更多點子

把新點子當成課題，再次大量生產

前一個章節已透過實際例子，說明如何配對、構思出企劃原案的點子。不過，有個方法能讓配對創造出的點子範圍更寬廣、數量更多。如果我沒有這個方法幫助思考，就無法完成企劃。

想獲得好點子，必須從發想的點子中挑選。十個點子中一定有可選為第一名的點子；如果有一百個點子，其中一定有值得成為第一名的好點子。為了增加數量，一定要擺脫原有的思考慣性，讓想像更加開放。

這個方法就是把「課題」×「題材」創造出的點子，與隨機字配對，進一步想

出更具獨創性的新點子。

使用隨機字再次配對

具體來說，是將配對後想出的點子，與沒有任何規則的語詞再次隨機搭配，增加變化性。

我將這個方法稱為「點子接龍」，實際在工作時也會使用。舉例來說，前面鉛筆盒的課題中，有個搭配出的新點子「獎勵用功讀書的鉛筆盒」。這次把這個點子當成課題，然後以任意接龍的方式，想出大約十個語詞來配對，任何語詞都可以。

例如：

蘋果↓酷斯拉↓收音機↓肚子↓怪談↓不倒翁蟲↓調查↓輪盤↓跳箱↓戀愛。

接著，以「提到〇〇，就會想到╳╳」的方式，列舉出從這個語詞可聯想出的概念。如果先試著以蘋果聯想，腦中會浮現什麼呢？

提到蘋果，會想到：

- 食物。
- 紅色和綠色（紅蘋果、青蘋果）。
- Apple（公司）。
- 以弓箭射穿。
- 捏碎。

接下來，把聯想出的概念，與課題「獎勵用功讀書的鉛筆盒」配對，再次想出新的點子。

【課題】獎勵用功讀書的鉛筆盒

×

【題材】蘋果	**【配對後想出的點子】**
食物	↓用功讀書會給點心的鉛筆盒
紅色和綠色	↓會稱讚也會斥責的鉛筆盒
Apple（公司）	↓套在 iPhone 上，會為你加油的鉛筆盒
以弓箭射穿	↓答對問題會稱讚的鉛筆盒
捏碎	↓疲憊時捏一捏就能消除疲勞的鉛筆盒

我們可以用隨機字，為只以「想擁有」當作材料的點子增添新意。搭配隨機字而想出的點子，不需要與題材配對出的點子區別，改為一起記錄下來，讓點子不斷增加，才是配對的真正價值所在。

隨機字並非只有用接龍才想得出來，但若要隨意、漫無目的地找出一個名詞，我認為接龍不失為一個方法。

	D	E
	會稱讚也會斥責	疲憊時捏一捏，就能消除疲勞
	握緊會發出 GO！的聲音	會提醒「5 點啦」※督促休息
	不斷叫醒人的殭屍鉛筆盒	
	幫自己查詢資料	像助手一樣給予建議
	可以相疊	
	封印後會跑出情書	發出可愛的聲音為自己加油

※與酷斯拉日文發音相同

用隨機字擺脫思考慣性

每個人都有思考的慣性，我在發想點子時也會從各個層面思考，但總是容易想到自己喜歡或相似的點子。

比方說，當我想輕鬆學英語，並對此產生強烈欲望時，不管面對什麼課題，都會思考能不能與學英語聯結。

一旦陷入這種狀態，即使知道「想輕鬆學英語」的題材不到位，看到類似的課題，還是會忍不住提出性質相似的企劃。不知道各位是否也有相同的經驗？

	A	B	C
1	獎勵用功讀書的鉛筆盒		
2	×		
3	蘋果	→	用功讀書會給點心當獎賞
4	酷斯拉	→	大聲稱讚自己
5	收音機	→	可以聽收音機
6	肚子	→	碰觸突出的肚子
7	怪談	→	沒在規定時間內做完習題會出現異象
8	不倒翁蟲	→	捏成圓形，有療癒效果
9	調查	→	一起陪伴唸書
10	輪盤	→	使用輪盤決定選擇題的答案
11	跳箱	→	達成目標就會變大
12	戀愛	→	沒考一百分不能告白

把自己的欲望當成材料，當然總會想出相似的點子。**要催生連自己也預想不到的點子，隨機字配對也是一個媒介。**

點子如果已經充滿讓人想擁有的理由，再次與隨機字配對後，更能找出偶然誕生的新點子。同時，點子的數量和種類會逐漸增加，選項也會變多。

不過，自由發想、與隨機字配對後的點子，有時候也會失去一開始讓人想擁有的理由。

上面圖表的例子，是將「獎勵用功讀書的鉛筆盒」當作課題，與隨機字配對後的內容。

在這些點子當中，「疲憊時捏一捏，就能消除疲勞的鉛筆盒」，完全看不到原本為了獎勵用功讀書的欲望。不過，離題的點子就算置之不理，也不會有任何損失。你可以選擇要不要讓這個點子成為企劃。它也可能讓你產生別的想法，成就另一個企劃。

而且，你原本需要思考的課題是新的鉛筆盒。所以，只要「疲憊時捏一捏，就能消除疲勞的鉛筆盒」會讓你想買、想用、想嘗試，都可算是一個新的點子。

用3個濾網過濾點子：具體、自己也想要，還有……

如何挑選出好點子？

到目前為止介紹的方法，是記下各式各樣想出的點子後，從中挑選出好點子，並落實為企劃。遵從「量重於質」的原則所構思出的點子，幾乎都派不上用場。因此，要從中選出想落實為企劃的點子。

首先，挑選點子的方法要經過以下三個濾網來篩選。

1. 選擇會自然浮現具體企劃內容的點子。
2. 選擇連自己都想要的點子。

3. 詢問他人是否會產生欲望，從反應速度見真章。

接下來我會依照順序說明如何使用這三個濾網。

選擇會自然浮現出具體企劃內容的點子

面對眼前琳瑯滿目的點子，第一個濾網是「能否清楚想像這個點子的最終實體？」**在撰寫企劃時，最重要的關鍵是，能否讓使用者簡單地瞭解企劃內容。**點子在成為可執行的企劃之前，如果需要大費周章修改或花時間仔細構思，就表示這個點子的力道相當不足。點子本身具有多少衝擊力，與能否吸引眾多使用者有密切關係。

比方說，獎勵用功讀書的鉛筆盒與隨機字配對的過程中，有個點子是「用功讀書會給點心當獎賞的鉛筆盒」。

你可以想像，當看書看得很累時，鉛筆盒會咚地彈出巧克力或糖果。如果這個想像能實現，或許會有人想購買這種鉛筆盒。不過，這個商品的外觀與構造如何？該如何生產？如果沒辦法馬上想出這些問題的答案，在構思或開發的過程中，勢必會非常辛苦。而且，若是將點心放在鉛筆盒裡，光想就覺得有點不太衛生。

概念不清晰的點子，如果實現後能讓人有「絕對想要」的強烈意願，或許還可能成真。但通常不一定會讓人有絕對想要的念頭。如果這個點子無法讓人產生任何想像，也沒有讓人想擁有的強烈意願，就算有趣也請不要挑選。

以這個標準篩選，一定可以找到能讓你馬上想像出最終樣式的點子。

同樣地，在同一份配對筆記中，有個點子是「以可愛的聲音幫你加油的鉛筆盒」。對我來說，這個點子很容易讓人想像出具體形象。

鉛筆盒拉開拉鏈後，看起來就像嘴巴，用功讀書時會從內建的喇叭發出各種聲音，讚美或激勵自

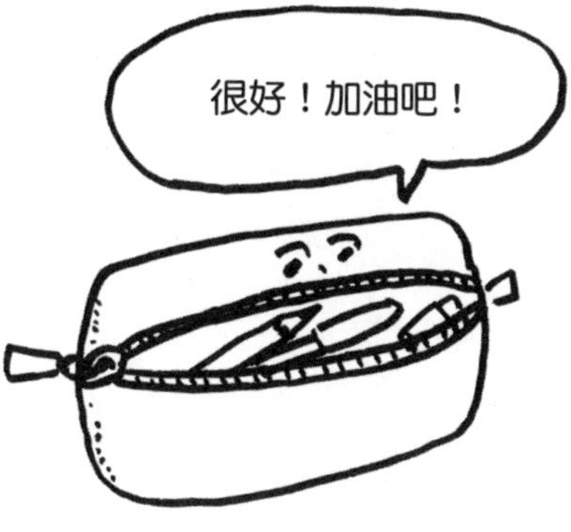

己，也會說其他有趣的話。在構思點子的階段，**會讓自己湧現具體想像的點子，更容易成為企劃主題，也更容易被人們接受。**

選擇連自己都想要的點子

下一個階段，要用「是否連自己都想擁有」的濾網篩選。

自己構思的企劃必須是自己也想要的事物。這時候你要重新思考，是否真的打從內心想要實踐這個點子。

會以「自己也想擁有」當作評價標準，是為了確保在這個世界上確實有一位使用者存在。如果這個企劃能讓這位使用者（自己）迫切想擁有，就一定會有其他的人也想成為使用者。每個人的喜好雖然不同，但是根本的欲望都是一樣的，我不認為找不到與自己類似的人。

相反地，如果構思一個連自己都不想擁有的商品企劃，就無法確信還有其他人也會想要。在充滿不安的情況下策劃出的企劃內容，無法滿足任何人的需求。不對自己說謊的心情才是最真實的，只要相信會有使用者出現，就能構思出可以滿足人們欲望的企劃。

此外，最常發生的錯誤，是因為想成為企劃案負責人，便與「自己也要」畫上等號。以想當負責人的感覺為基準選擇點子，是絕不應發生的。

你應該要選擇的不是想負責，而是「想成為使用者」的點子。自己想出的點子難免被誤認為自己也想擁有的事物。人們總格外偏袒自己想出的點子，容易認為是個好想法。

如果是獨一無二的好點子，更容易出現這個迷思。史無前例的事物很容易成為新聞，也會經常被媒體報導，成為口耳相傳的話題。不過，口碑與暢銷是兩回事。**即使口碑再好，如果不會讓使用者產生欲望，商品就賣不出去**。我就曾有過這種失敗經驗。

能讓人想買、想用、想嘗試的點子，才能打造出符合多數人欲望的企劃。

如果點子無法符合多數人欲望，卻被研擬成企劃，到了執行階段，遇到瓶頸或使用者反應不佳時，原本高昂的興致就會突然冷卻。導致這種情況發生的原因，正是因為自己對這個點子沒有產生欲望。

另一方面，如果是讓人想成為使用者的點子，跟單純想當負責人所想的點子不同，你會充滿熱情、設法度過難關，讓企劃成功。如果自己對這個點子產生強烈想要的欲望，即使在企劃執行初期沒有太多使用者，也不會因此灰心或感到厭煩。因此，**「自己想擁有」是讓點子落實為企劃的最大動力來源。**

詢問他人是否想要，從反應速度見真章

利用以上兩種濾網，可以知道自己想把點子化為企劃的意願有多強，但光是這樣還不夠。第三張最重要的濾網，是我在第一章也輕描淡寫提及的方法：「詢問他人」。

只靠自己挑選企劃原案的點子，是非常危險的做法。在研擬企劃時，自己是否想實現固然重要，但企劃實體成形之後，使用者可能很少也說不定。

只依據自己的價值觀判斷，很可能做出沒什麼人想要的企劃，也容易陷入自我

感覺良好的迷思當中，因此必須確認其他人是否也會對這個點子產生欲望，聽取真實的感想。

只要可能成為這個商品的顧客，都可以是你的詢問對象，當然你也可以詢問身邊的人。不論是公司同事、家人都可以，若不好意思開口，也可以在朋友聚餐時順便提問。

你只需要問「我想開發這樣的企劃，你會感興趣嗎？」決定是否要落實為企劃案，觀察對方的「回應速度」便能知道。當你問：「會想要這種商品嗎？」對方的回應速度是以下哪一種呢？

A. 配合對話，或是思考後才回覆：「嗯，我會想要這個商品。」

B. 真心覺得非常好，告訴你：「我想要！」

清楚分辨那屬於哪一種很重要。如果對方的反應是A，表示他對你的點子無動於衷。**告訴對方你的新點子時，對方的回應是快是慢？是發自內心的笑，還是客**

氣地笑？這中間的差異決定了企劃能否成功。

如果對方反應不佳，也許不是你的點子不好，可能只是表達不夠清楚。當你向其他人分享點子時，改變表達方式或是改變內容，思考如何戳中對方的心也非常重要。

不過，這並非要求每個人都要產生良好反應。我認為，十個人當中只要有兩個人給予積極回應，這個點子就有實現的可能性。如果十個人當中有五個人的反應良好，就有可能會成功。

這是我根據自身經驗，並參考「跨越鴻溝理論」（Chasm Theory）而得到的結論。跨越鴻溝理論主要用於行銷進步快速的高科技產品。

當推出新產品時，使用人數是否能跨越「革新者」與「早期採用者」（合計比例一六％），並達到三四％前期追隨者的階段，正是判斷這項新商品能否暢銷的一大重點。

其實，跨越鴻溝理論不只適用於高科技產品，所有企劃相關的領域都適用。因此，再加上我前面提到的判斷標準詳細說明後，可得知：

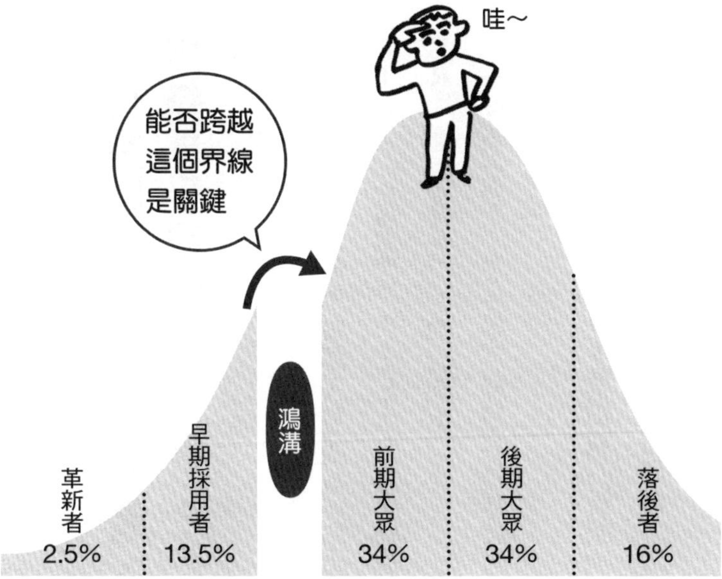

- 十個人當中有兩人（二〇％）反應良好，興奮地說：「我想要！」，表示企劃有可能成功的基礎。
- 十個人當中有五個人（五〇％）反應很好，更能確信有成功的機會，可以好好挑戰一番。

我把這個當成判斷的指標之一。在不洩漏機密的情況下，試著把你的點子告訴不同人，觀察對方的真實反應。

專欄

如何讓顧客想成為使用者，掏錢享受服務？你得……

最近我總覺得不會讓人想成為使用者的企劃案開始充斥於市面，例如IoT（物聯網）、ICT（資訊與通訊科技）、AI（人工智慧）、VR（虛擬實境）、地方創生（譯注：源自日本的概念，將「產、地、人」合為一體，希望地方能結合地理特色及人文風情，發展出最適合的產業）等。

每天看到這類新興事業相關的新聞，心裡總會疑問：「執行這個方案的人，對於這個方案本身貢獻的價值，抱有多大的希望和欲望呢？」「自己願意以多少預算成為這個企劃的使用者呢？」

而且，我覺得企劃提案者在研擬企劃時，只因為想成為負責人而做，並沒有想成為使用者，因此讓「沒有人想成為使用者」的企劃不斷出現。

以前某位新創企業的人告訴我，他經手的事業，會員人數正以倍數成長，當時我心想：「這樣真的很厲害！」並同時計算他的盈利率。自從自己創業後，只要聽到與商業相關的事情，已經養成習慣在心裡計算對方能夠實賺多少錢。

正巧隔天是拍全家福合照的日子。我特意在平日請了假，和家人到了街上的一間小照相館。這間相館由內人朋友介紹，雖然是平日，但門庭若市、預約已額滿。照相館只有一位攝影師大哥在拍家庭全家福照片。

當時我們購買的是一萬日圓的攝影組合，拍照後會附上照片檔案，但我們夫妻倆都非常滿意。這位攝影師大哥很瞭解如何讓小朋友笑，並且幫我們拍了許多漂亮的照片。

當時我也在心裡偷偷計算：如果一組收費一萬日圓，依照當天的來客數，這位攝影師大哥一天可以賺多少錢。即使照相機和器材要花不少錢，但給客人的東西只是照片的數位檔案，沒有額外的材料費。比起那位新創企業人士，我想：「攝影師大哥一個人就能賺到十倍的獲利吧？」

當然，新創企業的目的是將事業做大，以求未來可以更大規模發展。照相館的大哥只有一個人在做事，不需要把規模做大，所以兩者實在無法比較。不過，我認為這家新創企業與照相館的最大差異，在於照相館提供的服務讓人有掏錢享受服務的強烈意願。

根據我的觀察，每個來拍照的家庭都帶著滿意的笑容離去，攝影師大哥本身也非常享受拍照的工作。後來，我們再去一次這間照相館，因為我們家已經完全成為這間相館的粉絲了。**這正是讓人想成為使用者的企劃。**

即使要排隊，這間照相館本身就是客人想掏錢購買的企劃。

另外，我還聽這位攝影師大哥分享許多他對照相館的堅持，**他一定是站在顧客的角度，構思要提供給顧客什麼服務。**

去掉自我意識後設計出的企劃案，就能從細微的地方看見真正的重點。只有想當負責人還不夠，要有「想成為使用者」的強烈意願，才是促使企劃成功的條件。

累積儲存好題材，為展現的時機做好準備

好點子要先做成一覽表

在上個單元介紹了使用三個濾網挑選點子的方法。由濾網一和二過濾後的點子，我會先記錄在「好點子集」中。在 Excel 中配對後、標上顏色的點子，也是我直覺認為會通過濾網一和二的點子。

不過，在這個階段挑選出來的好點子，不見得全部都能成為企劃。因此，應該先排定先後順序，從最想實現的點子依序思考是否能成為企劃案。當你想把點子化為具體企劃時，就要用第三個濾網，詢問別人的意見並觀察他們的反應。如此一來，便能確認點子是否值得成為企劃，還能同時減少個數、縮小範圍。

不過，沒有人知道這些值得研擬成企劃的好點子，會在什麼時間點被人們需要、實現的機會何時會到來。為了在時機到來時，馬上回想出這些點子，並順利推行企劃，建議各位將好點子整理妥當，並用一目瞭然的形式保存。

好點子集的製作方法

接下來要介紹好點子集的製作方法。跟記錄題材的方式一樣，把這些從眾多點子中挑選出來、未來想推展為企劃的好點子，以一目瞭然的形式儲存在 Evernote 裡。與題材筆記分開，專門蒐集成好點子集。

回顧前文，點子的構思方法有兩個方法：

- 配對課題與題材。
- 將配對而來的點子與隨機字配對，想出更多的新點子。

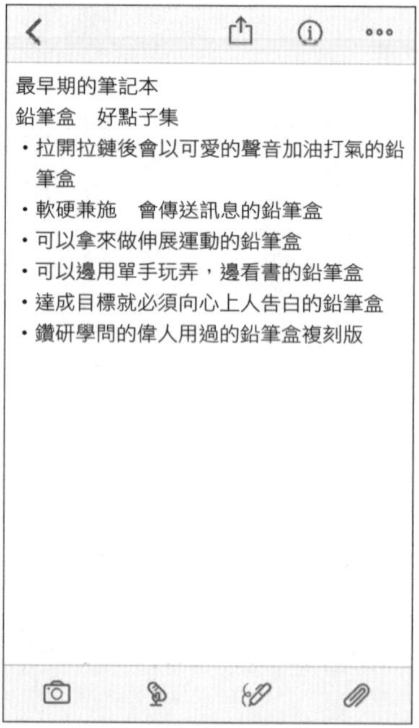
最早期的筆記本
鉛筆盒　好點子集
・拉開拉鏈後會以可愛的聲音加油打氣的鉛筆盒
・軟硬兼施　會傳送訊息的鉛筆盒
・可以拿來做伸展運動的鉛筆盒
・可以邊用單手玩弄，邊看書的鉛筆盒
・達成目標就必須向心上人告白的鉛筆盒
・鑽研學問的偉人用過的鉛筆盒複刻版

用這兩個方法想出的點子，可以全部記錄在好點子集裡。不需要因發想的方式不同而分開。記錄時，同時讓好點子變得多一點不同，或是重新思考後，去除不夠好的點子。整理完後，便可在第三章介紹研擬企劃案時活用。

我的工作必須研擬各種不同類型的企劃，所以通常不會依照課題或類型，將好點子集進行分類，而是依工作型態，分為「與本業相關」及「與本業無關」記錄。沒有被收錄在好點子集的「配對記錄」（＝不採用的點子）當然也不需要刪除。我在策劃各式企劃時，若碰到想不出點子的情況，會回顧過去的配對記錄，有時候會找到從來沒想過的靈感。

如果沒有經常回顧，就無從得知是否有未經琢磨的點子隱藏其中。把這些資料保存下來不會耗費太多容量，希望各位將資料全部保存下來，不要隨意丟棄任何一個點子或配對記錄。

如何一個小時內能想出一百個點子

習慣寫下配對筆記，能讓你在短時間內想到許多點子，速度之快會讓你對此嘖嘖稱奇、不可置信。

假設你現在從題材筆記中挑選出二十個題材，與某個課題配對。配對時，根據每個題材讓人想擁有的理由，搭配出了五十個點子。然後，你再從五十個點子中選出五個好點子，每個好點子各自與十個隨機字配對，又可以再想出五十個點子。到這邊為止，你已經想到了一百個點子。

實際上，我只需要約一個小時，就能想出一百個點子。使用點子濾網過濾後，便能確實從一百個點子中找出第一名。根據我的自身經驗，**一百個點子當中，通常會有二至三個點子值得記錄於好點子集**。而且習慣之後，速度會越來越快。

下一頁的照片是我搭電車時，在十五分鐘內想到的點子。因為沒辦法使用電腦，我利用手機瀏覽題材筆記，再將配對後的點子寫在筆記本上。這樣算一算，總共寫下六十四個點子。習慣這個方法後，不管遇到什麼課題，都能以這種速度和步調想出許多點子。

各位覺得如何？是不是想馬上利用題材筆記，試試自己能配對出多少點子呢？題材筆記就像人們欲望的大辭典，只要學會配對技巧，從此不需要再為想點子而煩惱。

接下來，在第三章將會介紹把點子落實為企劃的方法。這是把你想實現的企劃，分享給世人的第一步。讓我們一起期待下一章！

有趣的盤子

- 容易轉動
- 會變色
- 遇熱會變形
- 附有鯛魚的頭
- 附定時器
- 附置筷架
- 可以玩笑福面遊戲（福笑い）※1
- 可以玩雙六棋※2
- 可以畫圖
- 可以用力丟出去
- 摔破了也能修好
- 變成拼圖
- 利用視覺錯覺，讓料理變大
- 眼睛會變好
- 可以泡咖啡
- 附許多公仔，可變成立體透視圖
- 放著就會變乾淨
- 可以郵寄
- 抗菌
- 會說話
- 可當唱片
- 天空的設計
- 衝浪板形狀
- 鳥的形狀
- 完全透明
- 可以用來記住年表
- 會擴展、延伸
- 看不見在吃什麼
- 可成為說話的對象
- 可以當作飛盤
- 可立起來滾動
- 可以當作餐墊
- 會爆炸
- 用土填起來後會變回土
- 一週七天使用七枚不同的盤子
- 畫有自己的臉
- 畫有蟲的圖樣
- 胃裡面的設計
- 看起來像地球
- 讓人想感謝農民
- 用木頭和紙張就能做成（素材混合）
- 可以當吉他彈
- 會演奏音樂
- 可以當成可燃垃圾
- 設計可以用一鍵變換
- 可以兩面使用
- 摩擦時不會發出吱吱聲
- 沖洗時會播放音樂
- 可以分為兩個，讓情侶使用
- 透過ＡＲ擴增實境可以看見小矮人
- 直徑一公尺
- 像中井料理一樣會轉動
- 可以放的口袋共六十個
- 要催眠時會出現
- 畫上圖後可以燒出圖形
- 砸到人的頭也不會受傷
- 有披薩的圖案（也有拉麵圖案）
- 有肉的香味
- 可以三百六十五天，天天使用
- 永遠不會破
- 摸起來很乾爽
- 容易和保鮮膜緊密貼合
- 塗上了一百種顏色
- 畫著跟實景很像的圖案

※編按1：日本文化中於新年玩的遊戲，玩遊戲的人遮住雙眼，依照周圍的指示，將五官貼在畫有臉輪廓的紙上。

※編按2：兩人以上對戰，各自將棋子置於起點，依擲出骰子數字前進，最快抵達終點者獲勝。

專欄

如何用推特，預測新上市商品的銷售狀況？

現在是社群網站（SNS）為主的時代，已經能用社群網站簡單測試市面上的企劃能否成功。我常使用推特搜尋喜愛的商品，調查評價如何、看看發推文的人是否購買這個商品，或者只是純粹發表意見。

經過長時間的經驗累積，已經能憑感覺分辨「有趣」與「想買」的差異。比方說，在搜尋某件商品時，從新聞網站明明可以看到許多關於某件商品的消息，但購買者的使用心得卻少之又少。

被報導不等於暢銷，這就是有趣與想買的不同。比方說，許多媒體爭相報導家用機器人上市的消息，卻總找不到實際購買後的使用心得。

以目前的情況來看，一般家庭不會購買高價機器人。如果從技術層面改變或社會價值觀的角度來看，開發機器人當然有其價值，但絕對不會成為暢銷商品。另一方面，也有許多未經報導、卻有許多購買者給予良好評價的商品。這才是真正掌握人們欲望、強而有力的商品。

有個用來收藏的系列公仔，叫做「smiski 不可思議夜光精靈」，公仔會在黑暗中發光，就像在角落守護人類的精靈，可以擺在房間的角落當裝飾品。如果以世界的規模來看，有非常多人不知道這個商品，網路上幾乎搜尋不到相關報導。

© 2016 Dreams Inc.

但這個系列公仔在日本賣出超過一百萬個。雖然不具新聞性，但是在店裡看到這個系列商品的顧客，都會被它的可愛吸引而購買。

讓人想在社群網站上討論的商品，和不想在社群網站討論的商品都有其特性。因此，你要與競爭商品比較，搜尋兩種不同面向的資訊。

你可以試著搜尋從以前就相常受歡迎的活動，或是最近才舉辦、想瞭解其風評的活動。比較、確認一下討論的數量及評論有什麼差別。

另外，雖然亞馬遜給的星級評價不能盡信，但畢竟是個不錯的參考指標。**在這個時代，商品品質的好壞完全攤在陽光下，製造商想要打馬虎眼也不容易。**

毫無內涵的商品馬上會受到殘酷批評，負評也會迅速散播，商品最後就沒戲唱了。因此，在研擬企劃時，絕對不能忘記企劃的初衷是要「取悅眾人」。

儘管大家都知道這是理所當然的事，但被堆積如山的工作追著跑時，總會莫名奇妙忘記。最後，只重視自己的成就感、主管評價、日程安排，或是降低成本等眼前的問題，把當初研擬企劃的初衷忘得一乾二淨。

另外，YouTube 影片也是非常重要的資訊來源。YouTuber 每天會介紹各式各樣的題材，觀看次數多的影片所使用的題材，能夠引起許多人迴響。**上網觀察每個人的動向，是最簡單又重要的搜尋管道。**

重點整理

- 製作企劃要先想出許多點子，再從適合的點子當中，找出能賦予每個人價值的具體方法。
- 點子的數量重於質量，因此先從爛點子開始想，再從眾多點子中尋找第一名。
- 配對筆記可以直接手寫於筆記本，或用 Excel 記錄，不過 Excel 更方便儲存和保留想出的點子。
- 配對點子的方法，是將每個題材「想擁有的理由」與「課題」搭配，自由聯想出新點子。
- 隨意挑出毫無關係的題材與課題配對，才能構思出不同凡響的點子。
- 在配對、發想點子時，讓腦袋出現各種跳躍性的聯想，是最重要的事。
- 隨機字配對可以催生出自己也想不到的點子，幫助你擺脫思考的慣性。

☑ 挑選點子的三個濾網：是否會自然浮現具體的企劃內容、自己是否也想要、詢問他人是否有需求。

☑ 從顧客的角度構思要提供對方什麼服務，才會讓人想成為使用者。

編輯部整理

NEW

第3章

案子賣不好嗎？用「三角形筆記」檢查賣點一氣呵成！

創意要能暢銷熱賣，絕對條件是什麼？

思考和實現之間的差異

在上一章介紹了企劃原案的點子構思法。或許有人已經實際透過配對的技巧構思出點子，並且興奮地想盡快將點子化為企劃執行。

從本章開始將為各位介紹，如何將原本只在想像階段的點子化為真正的企劃，並實際執行。首先想告訴各位，「思考」與「實現」可說是天差地別。

讓想法實現本來就是件困難重重的事情。或許有人會覺得：「我在公司不曉得將點子實際推動過多少次了。」但請大家仔細想想，真的是你獨自讓點子化為現實的嗎？在執行過程中，公司要承擔多少風險？提撥多少預算？說得更明白點，其實應該是公司讓你把點子成形，不是嗎？

這不是什麼壞事，用公司預算執行業務，本來就是理所當然的事。但如果要由你承擔所有風險，會是什麼情況呢？假設現在有個機會，可以把你自己想的點子付諸實現，你會如何看待這件事呢？是認為不需要調整你的想法，只要照著做就行？還是認為沒有實現的可能性呢？

這麼說或許太極端，但我想說的是，從這個角度判斷點子是否值得執行與實現，是非常重要的。當你在挑選要落實為企劃的點子時，希望你能先思考：「就算要自掏腰包，也能開心地推展這個企劃嗎？」

你能把企劃當成是自己的事情嗎？

第111頁提過選出好點子的評斷方法，你可以用「自己是否想成為使用者？」作為評價基準。不過，在實踐企劃的階段，必須從「自己是否願意掏錢」的觀點，更深入思考。

「這個商品問世後，自己會買嗎？」
「看了那個廣告後，我會想買它宣傳的商品嗎？」
「這個活動開辦後，我自己樂意買票參加嗎？」

如果不把企劃案當成是自己的事情，執行途中一定會遇到瓶頸。選出想付諸實踐的點子時，自己也願意花錢購買或使用是絕對條件。

「手寫」是讓點子無限延伸的最佳方式

製作企劃案前，用手寫三角形筆記

接下來要介紹的，是幫助你判斷點子能否成為企劃的重要框架「三角形筆記」。這個筆記一定要用手寫，因為琢磨企劃的過程很重要。

在發想點子的階段，最重要的是自由發想。雖然只是粗略地思考，但是這個階段是為了找出大量點子，刺激他人想擁有的欲望，因此使用有助於工作效率的 Excel 記錄。在接下來的階段，必須坦誠面對自己的內心，深度考量，所以我會採取手寫的方式。

手寫比電腦打字更耗時費事。長年使用電腦打字，我的打字速度還算夠快。而且快速完成筆記或資料會讓人有快感，甚至停不了手，總會想趕快完成工作，應該也有許多人也是這樣想。使用 PowerPoint 等工具，也可以迅速完成資料，而且設計感統一、文字字體簡潔。從企劃的觀點來看，當然會覺得企劃的完成度高，且具有整體性。

不過，用手寫的速度才能站在顧客的立場思考，也能直接面對自己的內心，並思考：「這個企劃是大家想要的嗎？」「這樣真的可行嗎？」「有沒有偏離大家的欲望？」

另外，採取手寫的方式，也可以一直重寫。我覺得只有在這個過程中，才能完成不帶虛偽、真正符合內心欲望的企劃。

「三角形筆記」是題材變成企劃案的框架

三角形是企劃的框架

以某個點子為基礎研擬企劃案時，我最常使用的是手寫三角形筆記。不論是商品企劃或其他企劃案，都可以使用這個方法。

如同下頁的三角形筆記，**研擬企劃時是由「企劃內容」、「企劃對象」、「企劃費用」三項基本要素組成。這三項要素取得平衡後，企劃才能成為讓消費者想掏錢使用的成品**。那麼，就讓我針對三角形筆記的基本三要素詳細說明。

在三角形頂端的是企劃內容，重點在於寫下這個企劃能提供給使用者的價值。一個企劃能夠提供各種價值，但在三角形筆記中，應該先記錄企劃的首要價值。我

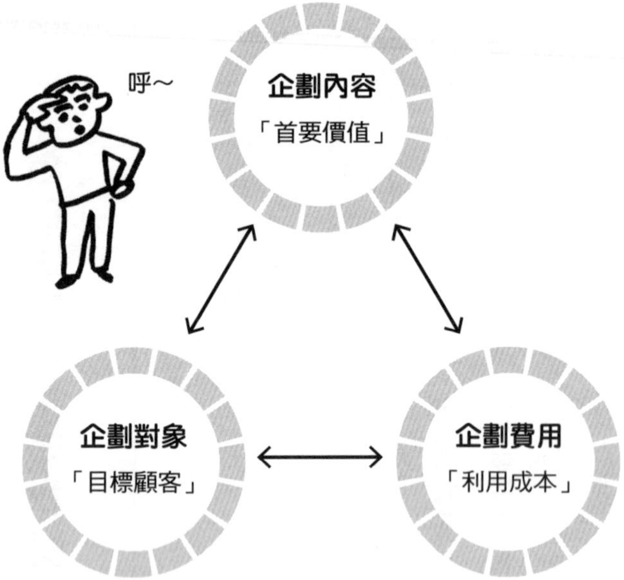

將首要價值稱為企劃的「主要賣點」，將在後面的章節詳細敘述。

接著，在三角形左下方的企劃對象，則是企劃的目標顧客。主要探討重點是：是什麼樣的族群？會有什麼需求？

或許你會希望每個消費者族群都能成為使用者，但為了找出真正會產生強烈欲望的人，最好還是設定主要的目標顧客。

再來，三角形右下方的企劃費用，你要在這個區塊寫下使用者需花費的成本。如果是商品，就是指訂價。當然，若是免費的商品或服務，只需要把價格設定為〇元。不過，有時成本不單指價格，還有其他像是付出的時間、勞力等成本。

只要有這三項資料，就可以知道這個企劃會不會暢銷。在研擬企劃時，應該有許多人會根據行銷流程思考。對於習慣以行銷流程思考的人，或許會覺得三角形筆記太過簡單，但這種方法其實是以最簡單的方式，歸納整理行銷流程的最強工具。

一邊思考行銷方法，一邊取得三角形的平衡

接著要介紹三角形筆記的實際書寫方法。

首先想好企劃內容、企劃對象、企劃費用，並且寫在各區塊上，再思考三角形兩兩要素之間是否取得平衡，可以參考147頁圖表的①至③。

①「企劃內容」與「企劃對象」的平衡

這個企劃是否是目標顧客真的想要的內容？更正確地說，**應該仔細思考，你能**

實現讓人「想要」的企劃嗎？

在此必須先確認企劃內容是否符合目標顧客的欲望，而此時，重要的是從市場環境的觀點審視，思量能否研擬出符合目標顧客需求的企劃。

透過3C分析（自家公司、競爭公司、市場）、SWOT分析（強項、弱點、機會、威脅）等方法，分析環境並思考，自己的公司現在是否有能力實現企劃，滿足顧客的欲望？

即使你確定這個商品企劃能滿足顧客需求，但市場上已出現條件更佳的競爭商品，只要沒有辦法超越競爭商品，這個企劃就無法激發消費者想擁有的欲望。

配合當下的市場環境，決定企劃的定位與推動方式，一旦有辦法證明這個企劃能夠實現，才可以說這是顧客想要的企劃。

②「企劃內容」與「企劃費用」的平衡

以這個訂價提供商品或服務，自家公司或自己能賺錢嗎？是否能獲得足夠的利潤呢？或許有些企劃不賺錢也無妨，但如果無法帶來任何好處，就會失去研擬企劃

① 顧客是否「想要」這個企劃？

- 想要的內容是否能實現？
- 比競爭商品更具優勢嗎？
- 必須現在做嗎？
- 目標的市場定位是什麼？
- 鎖定的目標顧客群範圍大嗎？

② 自家公司或自己「能賺錢」嗎？

- 能獲得足夠的收益嗎？
- 能符合成本嗎？
- 能夠透過期待的通路，實現這個企劃嗎？

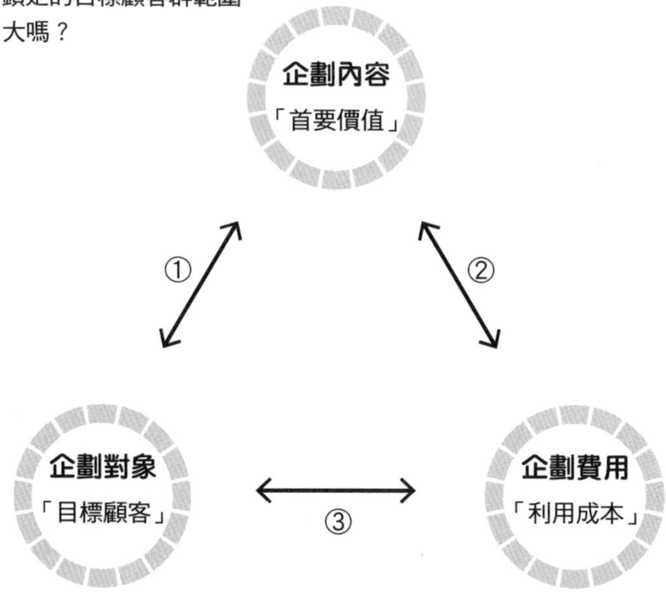

③ 顧客會「想購買」這個企劃嗎？

- 在當下的市場環境，訂價能讓顧客願意掏錢購買嗎？
- 企劃的定位與訂價是否符合？
- 是否能建立激發購買的管道？

的意義。

在書寫三角形筆記的階段，只需大致估算獲利程度即可。但如果發現連必要的利潤都得不到，表示這個企劃無法執行。而這裡說的利潤不只是金錢，如果付出時間及勞力不能符合期望獲得的結果，實現這個企劃也沒有任何意義。

這時候，別忘記行銷流程的思考方式。在當下的環境，是否能以這個訂價實現企劃案？公司的資源狀況、開發成本、通路的交易條件等因素都要考量在內。即使企劃內容能讓顧客感到開心，但是考量執行的人事、材料費用、銷售時支付通路的金額後，經常會發生無法以理想價格提供商品或服務的狀況。

③「企劃對象」與「企劃費用」的平衡

這裡思考的是，目標顧客會想以這樣的訂價購買這個商品嗎？**如果以這個金額問世，顧客會開心地使用嗎？**

要檢測顧客是否能接受訂價，需綜合分析市場環境（包含競爭商品的狀況或整體的經濟狀況）、企劃定位與推行方式、銷售管道及顧客特性等因素。即使是同一個企劃，也可能因時間或銷售方式不同而改變訂價。

例如：在研擬「高價但便於使用的日記本」銷售企劃時，如果同時有一款免費的人氣手機日記APP問世，甚至造成流行風潮，可能會導致高價位的日記本滯銷。相反地，也可能因為名人表示：「手寫日記可以讓人變聰明」，反而讓高價、但便於使用的日記本帶來風潮，雖然價位高，大家還是爭相購買。

此外，如果將目標顧客鎖定在年輕族群，訂價過高可能不容易被接受。但如果是專為高齡者設計的日記本，即使訂價高也可能成為熱銷商品。價格的接受度會因狀況或策略而改變，必須考量這些因素，設定出目標顧客能接受的價格。

基本的行銷流程「環境分析（3C分析、SWOT分析）」、「基本策略（STP三步驟）」、「具體實施策略（4P策略）」，已經在手寫三角形筆記時，藉由①至③之間的連結讓三個要素取得平衡。

大部分的人都被教導要依照環境分析、基本策略、具體實施策略的順序思考，但我覺得應該要先思考企劃的內容，確認點子能夠強烈刺激消費者欲望，再研擬行銷策略。我認為，三角形筆記不論在思考或整理上，都十分輕鬆簡便。

※為了能在思考行銷策略的同時，順利書寫三角形筆記，建議各位可以先研究一下行銷基礎理論。

用三角形筆記分析暢銷商品「乳酸菌巧克力」

為了讓大家更瞭解三角形筆記的書寫方式，讓我們試著以實際商品作為例子。樂天公司（LOTTE）發售的「SWEETS DAYS 乳酸菌巧克力」是熱銷的商品，應該有許多人非常熟悉，這是一款可以攝取到乳酸菌的巧克力。提到乳酸食品，通常會聯想到優格，但是優格保存期限短，不適合隨身攜帶，但乳酸菌巧克力則可以讓消費者隨時隨地補充乳酸菌。

我的腸胃不好，已經長年食用優格或整腸劑。對我來說，乳酸菌巧克力這個商品簡直會讓我想大喊「終於開發出來了！」於是它一上市，我就馬上購買。

如果以三角形筆記來分析這個商品，便如下頁圖所示。以下讓我來依序說明。

① 腸道不佳的人經常服用乳酸菌食品或藥物，但優格不便隨身攜帶。能夠隨時隨地攝取，甚至可當成零食的乳酸菌食品，需求度非常高。

② 價格設定比其他巧克力食品更高，認為可確保獲利。

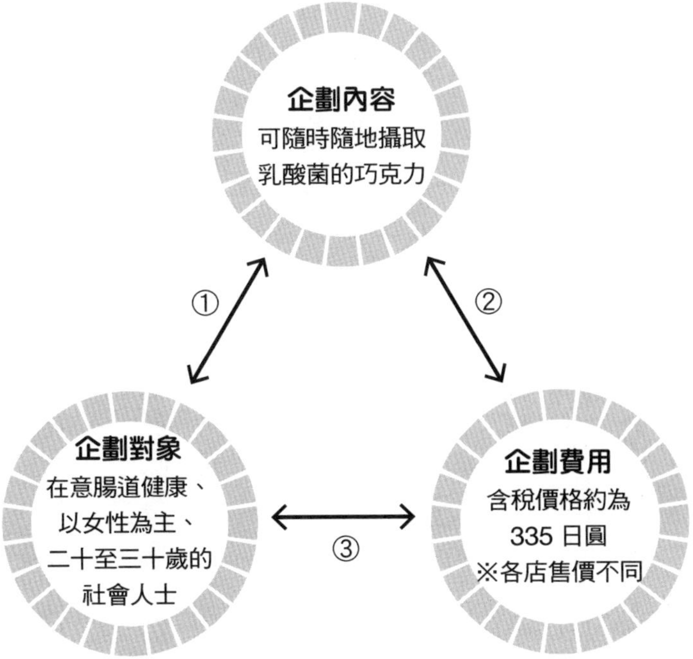

③ 相較於其他的巧克力，商品的價位稍高。但比起優格等其他乳酸競爭商品，消費者願意接受，也會想購買。

①企劃內容↔企劃對象

我本身是這個商品鎖定的目標顧客，所以非常瞭解腸胃不佳的人經常為此感到苦惱。

我平時常吃優格等乳酸食品，腸道不舒服時也會吃腸胃藥。因此，這樣一款想吃就能吃的乳酸食品，對我來說很有吸引力。更棒的是，又是我愛的巧克力，自然成為我想買的理由。

從市場環境來看，「腸道健康」已經是人人皆知的名詞，能調整腸道的酵素食品已蔚為風潮，但同種類的強勢競爭商品尚未問世。因此，這個商品對我這種在意腸道健康的目標顧客來說，十分具有商品價值，①已經取得平衡。

②企劃內容↔企劃費用

接下來要審視訂價能否獲得足夠的利潤。相較於其他相同份量的巧克力商品，乳酸菌巧克力的價位略高。雖然只是想像，但是一般而言，都會在確定能獲利的情況下，才讓商品上市，所以②也可算是取得平衡。

③企劃對象↔企劃費用

接下來要思考的是，目標顧客對這樣的訂價能心甘情願地掏錢購買嗎？這是這個商品企劃能否熱賣的關鍵。

這裡要想清楚，訂價若比賣場中的其他競爭商品還高，是否還能暢銷？什麼樣的價位顧客才願意掏錢購買？

希望改善腸道狀況的人會特別在意各種食物，例如選擇優格時，通常會先選擇主打「優質乳酸菌」等有健腸效果的商品。

這類商品本來價位就比較高，對於我這種「想選好食物，改善腸道功能」的族群，不會太在意這樣的訂價。我個人認為，這個價位能讓目標顧客心甘情願掏錢購買。

以實際例子套用分析後，乳酸菌巧克力可說是確實符合三角形筆記的企劃案。

企劃案能不能熱賣，真正關鍵是……

選擇想成為企劃的點子，並用三角形筆記分析

現在，我們實際用三角形筆記，研擬出能被實行的企劃。首先，從第二章的配對筆記中，選出自己認為想買、想使用、想嘗試的點子。

我們先以第二章「以可愛的聲音加油的鉛筆盒」，嘗試手寫三角形筆記。由於這個點子馬上讓我想像出成品的樣式，自己也有想購買的意願，因此我判斷這個點子值得進一步討論。

寫出的三角形筆記如下頁圖所示。你會發覺三角形有幾個地方重心偏移、沒有平衡。

① 目標顧客重視設計感，「會說話」的設計是否能讓目標顧客感興趣？

② 視流通率及生產數量，價格可能再提高。

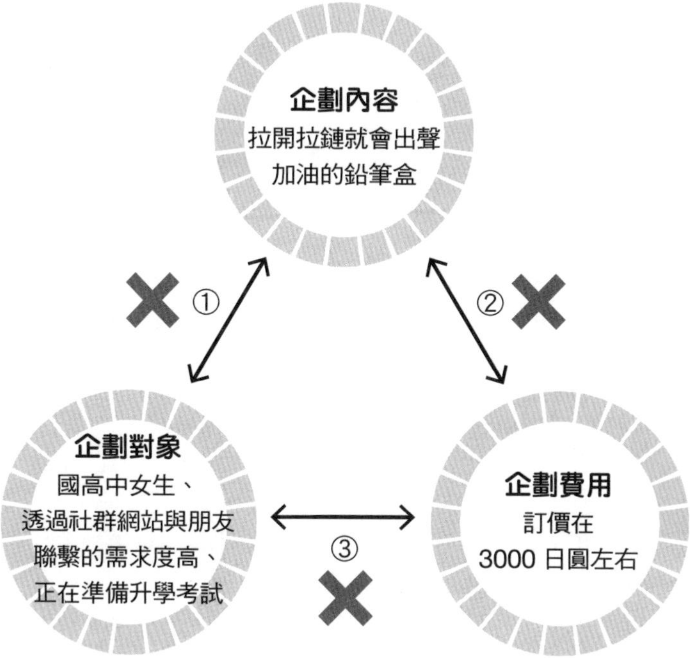

③ 競爭商品的價位約 1000 日圓左右，如果訂價超過太多，風險也會提高。

首先，你會發現③的企劃對象與企劃費用之間不對等。

鉛筆盒是日常使用的用品，而消費族群以國、高中女生為主，因此將她們視為目標顧客。調查其他公司推出適合國、高中女生的其他競爭商品之後，會發現訂價一千日圓左右的商品最暢銷。

在這個市場環境下，考慮到此商品會發出聲音，將價格訂在三千日圓左右，消費門檻必然隨著提高。

②的企劃內容與企劃費用之間也不太平衡。使用到音訊ＩＣ晶片的商品企劃，不僅生產數量少，批發零售的比率也低，價格自然就會偏高。

另外，①的企劃內容與企劃對象之間也不平衡。主要消費族群如果設定為國、高中女生，購買時會鎖定設計看起來可愛、簡單好用的商品，會出聲加油的設計，真的具有讓目標族群想掏腰包購買的競爭力嗎？

透過書寫與深入思考之後，「以可愛聲音加油的鉛筆盒」的企劃，必須修正三角形以取得平衡。為了調整三角形的平衡，大多會重新思考企劃提供的首要價值。

在筆記上，可以輕鬆調整企劃對象（目標顧客的性質），或企劃費用（利用成本價格）的內容。雖然試著從各方面變更這兩個部分，能讓三角形很快取得平衡，但實際做起來卻不像說得這麼簡單。

如果變更企劃對象（目標顧客），就必須重新審視企劃內容（首要價值），如果變更企劃費用（利用成本），也必須重新思考企劃內容（首要價值）。

整個企劃最重要的是企劃內容，也就是首要價值的強度。**如果商品能充分滿足消費者的欲望，自然而然地就確定目標顧客，也能設定合適的使用成本，讓三角形取得平衡。**

感動人心的好企劃，在於如何圍繞「主要賣點」！

企劃最大的賣點是什麼？

三角形筆記中的企劃內容要填上首要價值。企劃能提供的價值當然不只一個，但如果這些價值當中，沒有能讓你信心滿滿地說「這個企劃就是〇〇」的賣點，三角形就無法達到平衡。因此，**我將首要價值稱為企劃的主要賣點**。

讓我們再來想想，「以可愛的聲音加油的鉛筆盒」的主要賣點是什麼呢？為了找出主要賣點，要把可能讓人想擁有理由列舉出來。當中最讓人想擁有的理由，就是這個企劃的主要賣點。試著列舉想擁有這個商品的理由，譬如：

- 說話內容有趣，讓人充滿活力和幹勁。
- 可以聽到自己喜歡的聲音（特定的配音員等）。
- 設計很可愛。
- 可以秀給別人看，引起話題。
- 可以把鉛筆盒說話的樣子拍成影片，上傳至社群網站。
- 讓人忍不住想一直開關拉鏈，有種暢快感。

這個點子的誕生，原本是從獎勵用功讀書的鉛筆盒而來，卻充滿各種激起欲望的特點。接著，用客觀角度想像，並誠實面對自己的心，思考這個商品的哪個部分最能刺激目標顧客的欲望。

我想大多數人都覺得，這個商品的魅力應該在於可以「向他人炫耀，並當成溝通工具」。

在發想點子的階段，已經設想好鉛筆盒的設計，只要拉開拉鏈，就會播放聲音。如果每次聽到的都是相同聲音容易覺得厭煩，與其鼓勵自己，更希望別人看了也能夠開心。

因此，我想到一個改良企劃內容的修正案：可以錄下自己喜歡的聲音，每當拉開拉鏈，喇叭就會播放錄好的聲音。具體做法是將聲音儲存於記憶卡（SD卡），讓鉛筆盒可以發出歌聲、朋友錄下的聲音、喜歡的配音員聲音、課業上想背誦的內容等，讓鉛筆盒可以自由說話。

如此一來，這個商品可以當成禮物。你可以事先錄下想對對方說的話，或錄下讓人開心大笑的聲音，使用的方式瞬間變得更廣泛。甚至可以想像社群網站上如何用有趣的影片介紹這個鉛筆盒。

不過，對於國、高中女生而言，價位還是偏高。如果將目標顧客改成尋找有趣禮物的成人，用途便不再侷限於鉛筆盒，也可以是使用性更高的收納包。

商品銷售管道不選擇競爭激烈、專賣低價商品的文具店，而是改為禮品雜貨店。若定位為禮品，在三千日圓左右的價位，也算可以接受。做了以上改善後，便讓三角形變得平衡。

① 錄下賀辭或親朋好友的聲音，當成送人的禮物。

② 不只在文具店，也可以在各種商店或網路銷售，更容易控制批發與零售的差價，於是增加數量的同時，確保獲利。

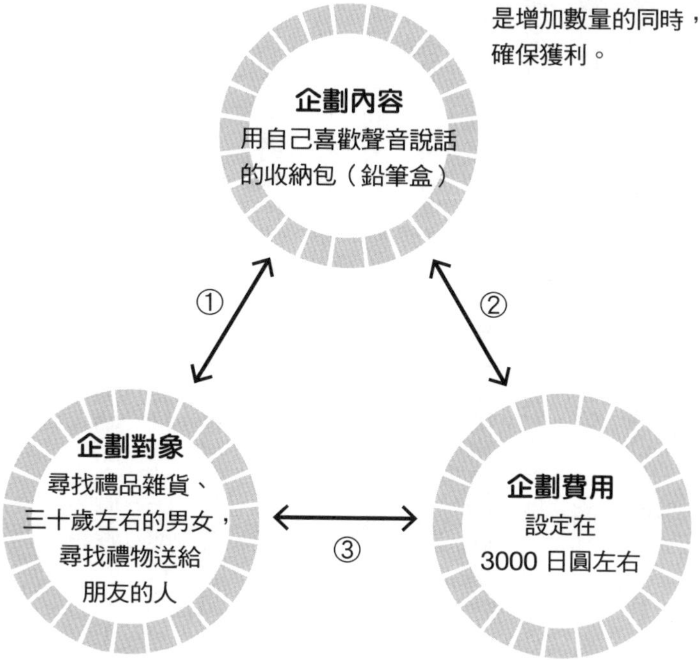

③ 有當禮物的價值。

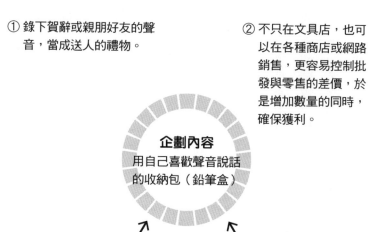

為什麼主要賣點只能有一個？

鉛筆盒可以用自己喜歡的聲音說話，是這個商品企劃唯一的主要賣點。雖然還有其他能刺激顧客欲望的特點，但刺激目標顧客欲望的主要賣點只能有一個。

為什麼主要賣點只能有一個？因為最初要傳達給使用者的訊息只能有一個。不管是什麼企劃，都會有各式各樣的賣點和優點。成為使用者，甚至成為粉絲後，自然就會知道這個商品有這些特色。但是，第一次推出時，企劃要傳達的訊息只能有一項。我在歷經多次慘痛的失敗經驗後，才得到這個結論。

推展企劃時本來就會湧現許多想法、想把所有好處表現出來，這樣的情形可說是屢見不鮮。結果擬出各種行銷標語，最後卻不曉得該選哪個才好。

近年，玩具產業推出各種與手機連結的玩具，譬如一個人也能玩的溝通機器人，與手機連結後可以產生更多玩法。每當我看到這種商品，總是抓不到商品的促銷重點，究竟是商品本身的趣味性，還是與手機連結時的趣味性。

看到包裝上的標語，或是在廣告、促銷看板上看到一個以上的賣點，消費者反而要花較長時間辨認商品的優點，容易陷入混淆。

研擬企劃的人或許想強調，無論是否擁有智慧型手機都可盡情遊樂，才推出兩者都適用的規格。**儘管我能理解這種心情，但如果真的想推銷商品，應該只主打這個賣點**。

如果想以商品本身的趣味性吸引顧客，宣傳時就不要提到商品的手機連動功能，顧客買回家打開後，自己發現這個功能會更加驚喜。如果想強調能與手機連結的趣味性，一開始只需要主打「與手機連結最有趣」。

同時強調兩個賣點，會讓不使用智慧型手機的人覺得與自己無關，對商品提不起興趣。另一方面，智慧型手機的使用者則認為：「就算不刻意跟玩具連結，智慧型手機上也玩得到類似遊戲？」結果，兩種使用者都無法被吸引。

你可以透過「附加賣點」，讓顧客產生意外的感動！

這個企劃案有什麼的附加賣點？

會以可愛的聲音加油的鉛筆盒，主要賣點是「會用自己喜歡的聲音說話」，拓寬企劃內容的範圍之後，商品不再侷限於鉛筆盒的多用途收納包。向使用者推銷時，扮演著主要賣點最重要的角色。不過，企劃能提供的價值不只有一個，應該還具備其他的價值。

人們被主要賣點吸引而購買商品後，其他的價值會以「附加賣點」之姿，把感動變得更具體，讓人覺得：「原來還有這種好處」。因此，我認為這些附加賣點要先隱藏起來，才能讓企劃的震撼力更加強大。

企劃的主要賣點是什麼？

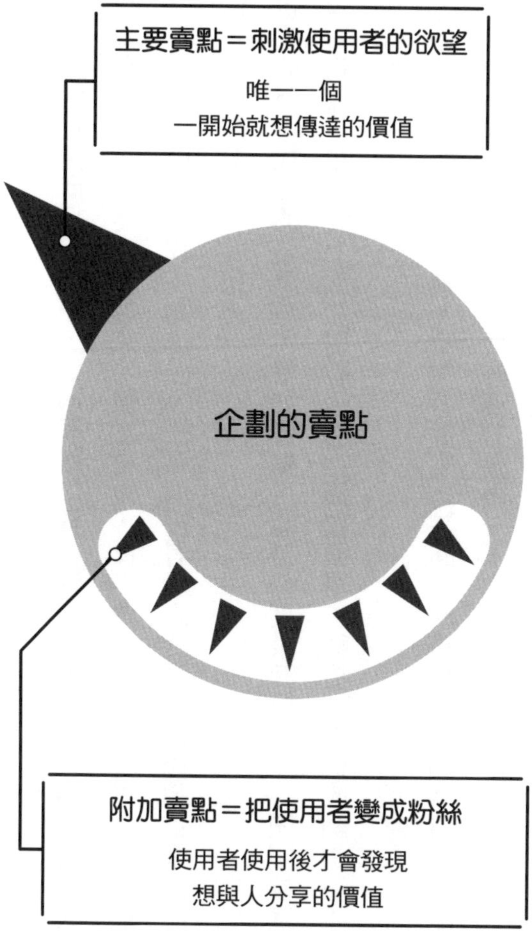

賣點＝商品提供的價值

在這個時代，行銷策略尤其適合把附加賣點隱藏起來。最近，只要消費者發現商品廣告不實或有缺陷，網路上的負評會讓一切馬上攤在陽光下，相對地，好商品的口碑也會迅速流傳。

就算不刻意宣揚商品的優點，透過網路口耳相傳的力量，也會馬上廣為人知。刻意不強調賣點或許需要一些勇氣，但這麼做，反倒會讓使用者覺得「竟然還有這些優點，而且只有用過的我才知道」，提高消費者的滿意度。最後讓這個商品獲得高度評價，進而讓更多人知道。

以可愛的聲音加油的鉛筆盒，附加賣點可能是「具設計感」、「開關拉鏈感覺暢快」等。此外，在設計上更加用心，加上操作簡單、輕巧、方便收納等與設計有關的附加賣點。

附加賣點沒有數量的限制，使用者會成為該商品的粉絲，是因為這個商品蘊藏許多值得口耳相傳的附加賣點。試著腦力激盪一下，加入「原來還可以這樣」的賣點，打動購買的消費者。

將三角形筆記彙整出的內容，整理成企劃書格式

如果公司內有規定的企劃書格式，最後的工作就是將企劃內容填入表格裡。調整完三角形的平衡後，等於完成能激發消費者欲望的強力企劃。只要把內容填入企劃書格式裡，就能完成一份企劃書。

如果把我的三角形筆記填入商品企劃格式中，會如下頁圖表所示。填入企劃書的每個項目、統一體裁，是讓企劃通過公司內部審核的重要過程。想讓企劃案通過審核，**最重要的是要確信這是「一定會有顧客掏錢購買的商品」**。

因此，要利用三角形筆記，奠定能讓目標顧客想花錢購買的價值，並確認、整理這個企劃問世後的各個條件。如果經過這些流程，你還是覺得在現在的環境下很難實現，就應該盡快放棄，重新找出符合現今環境及潮流的企劃。

乍看之下，這種做法或許沒有效率，但透過此方法研擬出的企劃案，一定會成為消費者願意買單的優秀企劃。

商品企劃書

企劃名稱

嘰哩呱啦化妝包

目標顧客

- 三十歲左右的男性與女性社會人士（偏女性）。
- 平常喜歡買小禮物送朋友、同事或家人，常逛禮品雜貨店。
- 每天瀏覽社群網站、或上傳影片。
- 希望能與主管建立圓融的關係、與同事相處愉快。

價格

2980日圓（含稅）

銷售通路

- 商店A　禮品區
- 商店B　收納包、包包區
- 商店C　綜合玩具區
- 商店D　文具賣場（鉛筆盒）

廣告詞

可以讓收納包說出你想聽的那句話！

商品規格

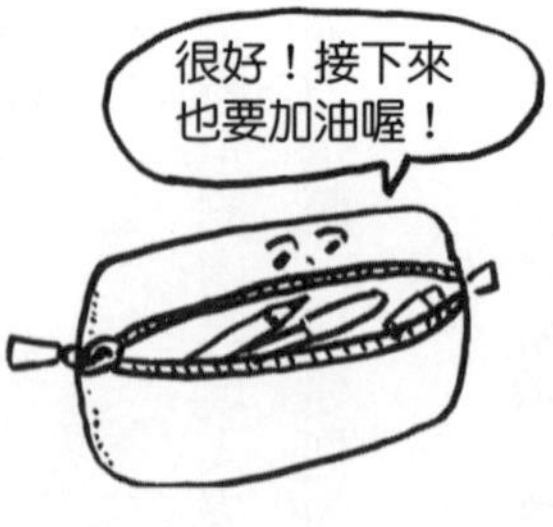

概要

- 打開人臉的嘴巴（拉鏈），就會說出你想聽的話！
- 將聲音檔案放進記憶卡，插入後就會依照錄音順序說話。
  ——向主管致謝的話！
  ——想記住的單字片語！
  ——喜歡的曲子或配音員的聲音!?
  ——模仿朋友說話的語調？
  使用方法多樣化！

【附加價值】

- 三種設計款式，眼睛的圖案不同。可以選擇適合自己喜歡聲音的設計。

行銷宣傳

- 重視賣場。推出樣品，事先收錄各種聲音，讓顧客實際試用。
- 在社群網站上傳送各種聲音說話的影片，透過網路行銷。

想巧妙兼顧主要賣點與附加賣點，你需要……

劍玉與蛋糕的案例

我非常喜歡某間公司推出的劍玉商品，這個商品有兩項賣點：技巧容易習得、設計很酷。站在企劃製作人的立場，或許想同時打出這兩個賣點。可是，這款劍玉將賣點鎖定為「設計很酷」，而且只針對這點加以宣傳，這就是商品的主要賣點。

此外，這項商品訴求的目標客群是想帥氣玩劍玉的人，而他們實際玩過後發現：「玩法怎麼也這麼簡單？」

只有實際買來玩的人才知道這個商品不僅造型酷，玩法也簡單，是超棒的商品。這些被隱藏的賣點就是附加賣點，會透過使用者的口耳相傳讓好評擴散。

在商品氾濫、資訊爆炸的時代，每個人與商品或資訊接觸的時間也勢必縮短，你努力向大眾散播的訊息，對許多人來說可能只是耳邊風。**為了吸引消費者的瞬間注意力、讓他們主動靠近，你必須徹底思考，主要賣點能夠刺激哪個消費族群的購買意願？**

確立主要賣點後，對該企劃產生需求的目標顧客便應運而生，讓他們心甘情願地掏錢購買商品。三角形筆記在這個階段會取得平衡，成為能夠熱銷的企劃案。不過，最重要的是，你必須確信這就是自己想傳達的主要賣點。

在此，我想介紹一個已實踐的企劃案例。我過去曾協助開發名為「VR（虛擬實境）蛋糕」的商品。這個商品的組合是蛋糕，和一副插入智慧型手機就能觀賞VR影片的3D眼鏡。戴上這副眼鏡，邊吃蛋糕邊看影片，感覺就像有個女生在餵你吃蛋糕。

當我想到這個點子時，正好某個網路商店要推出聖誕節蛋糕特賣，活動承辦人給我的課題是「製作空前絕後的有趣蛋糕」。課題與各種題材配對後，最後想出以VR影片體驗使用者被餵吃蛋糕的點子。

這種吃蛋糕方式是過去消費者從未有過的全新體驗，我直覺認為這個商品可能會成為暢銷商品，於是我寫下三角形筆記整理成企劃。

它的主要賣點是「可以讓女生餵你吃蛋糕」，而且將此作為商品標語，消費者也能一看就懂，相當吸睛。因此，能讓下頁圖表的三角形筆記取得平衡。此外，其他可提供的價值則附加於企劃的附加賣點中。

- 可觀賞的虛擬影像不只一種，還有其他各種影片。
- 附贈的3D眼鏡用途廣泛，也能觀賞其他VR影片。

接下來，只要整理成如174頁簡單的企劃書，再考慮影片要請哪位女藝人演出？要製作哪種蛋糕？將詳細的企劃內容填寫於表格裡，製作出委託人及廠商能接受的商品，便能確定上市銷售。

結果，相較於同一家網路商店推出的其他款式聖誕節蛋糕，這款蛋糕的銷售成績明顯領先許多。

① 全新的體驗，想與別人分享。
提供消費者享受前所未有的
VR 體驗。
女藝人的粉絲可能成為顧客。

② 與已上市的 VR 眼鏡商品
聯名，降低製作成本。

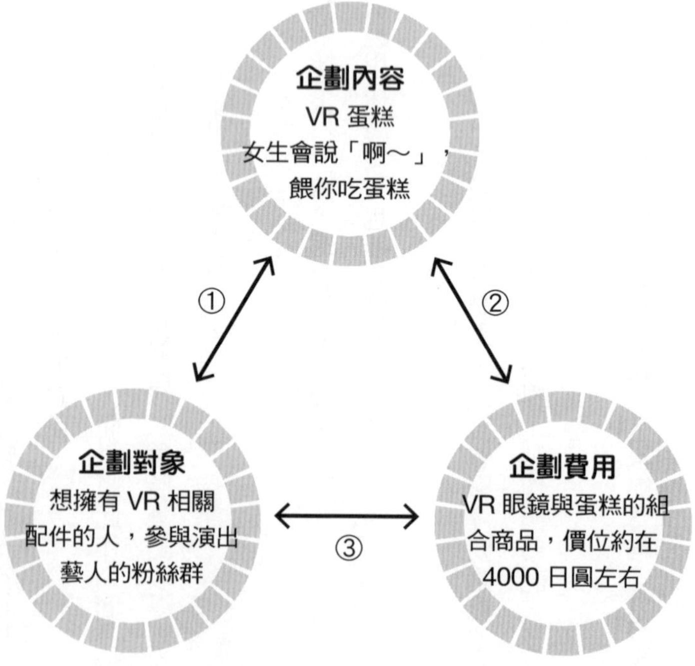

③ 對藝人的粉絲而言算是高價位。
但附贈的 VR 眼境可用於其他用途。

到第三章為止，已介紹企劃是由以下三個步驟完成：

1. 製作能蒐集令人想擁有的題材筆記。
2. 將要思考的課題與題材配對，想出企劃原案的點子。
3. 根據點子寫出三角形筆記，整理出能夠暢銷的企劃。

請務必根據這個方法，設計出能引起多數人欲望的企劃，讓你設計的企劃付諸實現。實現企劃一定會遇到許多困難，要跨越這些難關，為他人或自己提供價值，必須具備相當重要的思維模式，將在下一章中介紹。

商品企劃書

企劃名稱

VR（虛擬實境）蛋糕

目標顧客

- 參與演出的女藝人粉絲。
- 對 VR 相關商品感興趣，想要 VR 眼鏡的族群。
- 對 VR 內容有興趣的族群。
- 想搶先一步體驗新事物、科技周邊商品的市場領導族群。

價格

4000 日圓左右（含稅）

銷售通路

- 只限於網路銷售

廣告詞

全球第一 !? 可愛女生對你說「啊～」，並餵你吃蛋糕！

商品規格

概要

- 只要插入智慧型手機，就能觀賞 360 度 VR 影片的簡易 3D 眼鏡與蛋糕的組合商品。
- 像與女朋友在房間，影片中的女生拿起跟手邊相同的蛋糕餵你吃，體驗全新的吃蛋糕方式。

【附加價值】

- 有幾種不同類型影片可觀賞。
- 透過智慧型手機的專用 APP，能觀賞各種 VR 影片。蛋糕吃完後可以戴上 VR 眼鏡，享受各種領域的視聽娛樂！

行銷宣傳

- 為了讓報導出現在動漫迷、3C 粉絲常瀏覽的網站，決定舉辦記者發表會（試吃體驗活動）。

專欄

別討好追求趣味的網民，而要鎖定有需求的顧客

在寫公司的企劃書時，常被要求同時提出宣傳計畫。我不是在寫三角形筆記的階段，就想好宣傳方式，而是等到填寫企劃書，或開始推行企劃時，才會思考宣傳策略。

以宣傳的趣味性來設計商品，是非常危險的事。雖然我說在寫三角形筆記時，會一邊考慮行銷流程一邊考慮平衡，但在這個階段，我完全不會去想與宣傳有關的事。

宣傳計畫是思考「如何向消費者介紹商品、推銷商品」的重要環節。

但許多人都誤以為只要宣傳計畫有趣，顧客就會想購買這個商品。

其實，我過去就曾因此而嚐到失敗的滋味。當時，我先想好新產品發表時的宣傳口號，興奮地研擬企劃，並志得意滿地認為：「這個標題絕對能讓新商品蔚為話題。」商品正式發表當天，確實在網路上引發話題，但是好幾次商品都滯銷。

社群網站的影響力無遠弗屆，如果只想到能拍美照、傳播速度快、造成話題，一味討好追求趣味性的網友，而推動不被消費者需要的企劃，就容易走向失敗。

為了避免這樣的失敗，一定要遵照順序，一開始在書寫三角形筆記時，分辨清楚企劃案是否會受到青睞？是否能刺激購買欲？再討論如何向顧客介紹商品的宣傳策略。向所有人宣傳商品固然重要，但還是要隨時提醒自己，不要搞錯企劃本身的目的。

重點整理

☑ 能夠成為企劃的點子，絕對條件是你自己也願意花錢購買或使用。

☑ 利用手寫的時間站在顧客的立場思考，直接面對自己的心，思考企劃是否為大眾所需？有沒有偏離大家的需求？

☑ 企劃的基本是企劃內容、企劃對象、企劃費用。這三項要素取得平衡，才能讓消費者願意掏錢購買。

☑ 為了調整三角形的平衡，通常會重新思考企劃內容提供的首要價值。

☑ 企劃能提供的價值不只一個，但首要價值是企劃的主要賣點，也就是最讓人想擁有的理由。

☑ 人們被主要賣點吸引而購買商品後，其他價值會藉由附加賣點，讓感動具體化。

☑ 為了引起消費者的瞬間注意力，必須徹底思考主要賣點能刺激哪個族群的購買意願。

☑ 確認企劃能受到青睞、刺激購買欲之後，再討論向顧客宣傳商品的策略。

編輯部整理

NOTE

/ / /

NEW

第4章

好企劃也得通過才行！落實執行該有的4種態度

態度1：瞭解自己內心真正欲望，就能堅持鬥志推動企劃！

最初的能量能提升至什麼程度？

執行與實現企劃案是一件辛苦的大工程。

這當然不可能只靠一個人完成，必定需要許多人投入並協力合作，自己也需要克服許多難關、耗費眾多心力。在這個過程中，要讓企劃實現的思考態度也有好幾種。

剛開始研擬企劃時，興致應該最高昂，但企劃進入執行階段後，一定會面臨各種問題。在這個過程中，熱情會開始遞減，挫折感也會隨之而來。

另外，「厭煩」這號敵人也會跟著出現。經過一段時間，剛開始的高昂興致就會轉變成厭煩，連我這麼喜歡設計企劃的人也不例外。如果辛苦的事情不斷發生，當然會感到挫折、沮喪和厭煩。

儘管有人的個性愈挫愈勇，遇到阻礙鬥志會更加高昂，但我認為這種人是特例，實際上，大多數人只要遇到困難、阻礙，或被別人認定做不到，對企劃的熱情都會遞減。

正因為我清楚自己的弱點，所以不會要求自己提升熱情，而是一開始就抱持著，即使覺得厭煩還要保持高昂的興致面對工作。

確立這種心態後，即便遇到阻礙或瓶頸，仍舊能鬥志高昂地樂在工作，並克服難關持續前進。

別讓冠冕堂皇的理由成為持續實行企劃案的藉口。**你必須知道自己內心真正的欲望，並且打從心底認為「我自己絕對會想使用這個企劃。希望用了以後，能比現在更幸福」**。

只要你心裡有這個欲望，即使主管或客戶的意見與你相左，你也能反駁他們：「不，正因為我自己想成為這個企劃的使用者，所以絕對不會行不通。」反過來讓對方改變心意，堅持執行。

一開始就拿出高昂的鬥志研擬企劃，就算沒有勇往直前的氣勢，只要是你堅持繼續執行的企劃，一定會成功。

態度2：累積被打回票的經驗，也會找到長銷的好提案

收藏未被採用的企劃案

能不斷提出企劃的最佳方法，是蒐集未被採用的企劃。通常大多數的企劃都是讓人覺得行得通，才會開始嘗試執行，但如果沒有突破各種障礙，還是容易石沉大海。希望各位讀者能以樂在其中的態度，蒐集這些未被採用的企劃。

最近，如果我覺得嘗試中的企劃不可能被採用，但內容有趣，就拿來當作笑話，與妻子或小女兒分享。以前還是上班族時，甚至會將自己未採用的企劃案蒐集起來，拿給可愛的女性後輩看，並開心自豪地說：「我也曾有過這樣的想法呢！」

或許你會覺得我是個怪胎，但若能達到這種境界就是所向無敵。收藏不被採用

的企劃只是方法之一，就算沒採用也別灰心喪志，用自己的方法或對策面對，是非常重要的心態。

不擅長思考點子或企劃的人，如果總是想些沒用的點子，容易覺得在浪費時間，並因而感到厭煩、失去興致。明明耗費許多時間和心力研擬企劃，但只要不被採用，就等於努力都變成白費，自己做的一切彷彿毫無意義。

可是，這種狀況不可能永遠持續，不如說知道企劃案不被採用，反而是非常寶貴的經驗，因為你會努力找出不被採用的理由。

我閱讀很多書，向很多人學習研擬企劃的方法，甚至花時間動手寫企劃書，才向實現企劃跨出了一小步。執行的過程中，也做很多調查、詢問朋友意見，即使最後企劃無法實現，被束之高閣，從這段經驗得到的收穫是無法在課堂中學到的，具有無可言喻的價值。

不被採用的企劃案是珍貴的財產

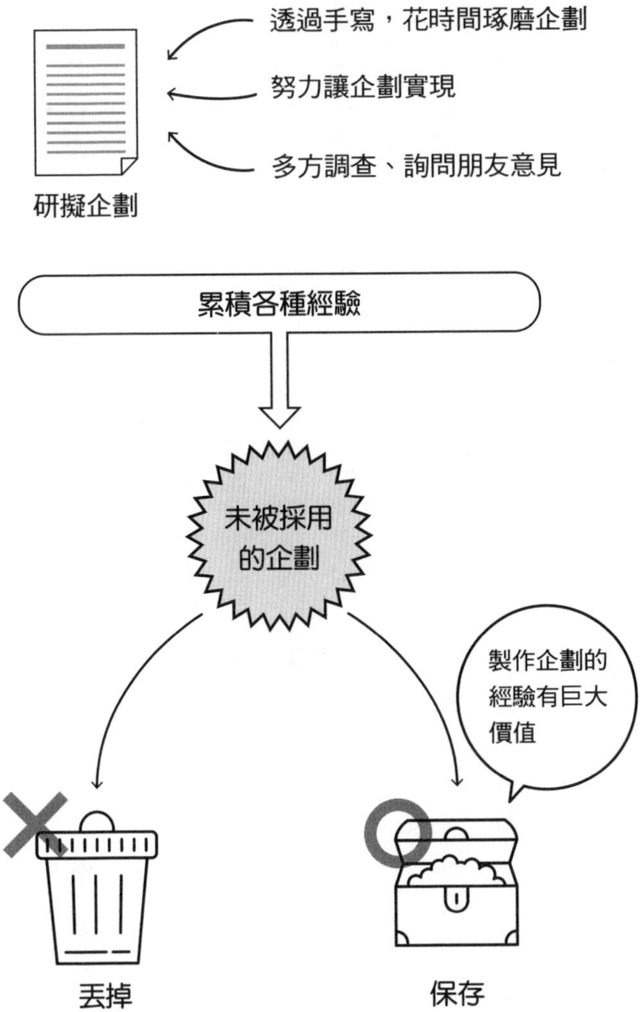

沒有經歷過成功和失敗，就學不到東西

想要成為真正的提案高手，失敗經驗與成功經驗都缺一不可。只有單方面的經驗，絕對無法成功。

以商品企劃為例，有人雖然企劃各式各樣的商品，卻一件也賣不出去，於是討厭企劃工作。為了避免這種事發生，企劃實現後請務必回顧、反省結果。

如果你一直以來都成功實現許多企劃，但這次的結果比上次差，此時更要仔細分析、整理為什麼會出現這樣的結果，才能找出失敗原因。當下次執行另一個企劃時，結果比之前好，也要分析、整理，才能找出進步的原因。

若不斷失敗卻沒有搞清楚原因，永遠不會知道自己為何失敗。如果運氣夠好，每次都能成功推行企劃，卻沒有找出成功因素，一旦情勢改變、遇到阻礙，反而什麼都做不好。

想為自己製作的企劃募集顧客，結果卻不如預期，沒有吸引到任何消費者。上述這種失敗經驗當然能學習到最多事。可是，如果能在企劃階段就弄清楚不被採用

的理由，可以讓你以最低成本獲得寶貴經驗。

知道失敗的原因，了解無法吸引人、無法實現企劃的理由，累積許多經驗之後，你才會明白「怎樣的企劃才能成功取悅大眾？」記住這種愉快體驗，是企劃工作必備的絕對條件。

如果你的工作與企劃相關，希望你踏出每一小步，都要再回頭看一下過去的經歷。若沒有任何行動，什麼事也不會發生，更不會明白發生了什麼事。「弄清楚、搞明白」是最具價值的事。

對我來說，不管是蒐集落選的企劃案，還是蒐集失敗的企劃案例，都是製作企劃的樂趣。根據我的經驗，這些材料會為你帶來日後的成功。

態度3：一邊製作企劃案，一邊準備對老闆和客戶的簡報

順利讓企劃通過的簡報技巧真的存在嗎？

企劃會觸礁無法繼續進行，通常是因為沒有獲得他人的認同，例如以下兩種情況：

- 向客戶或在公司內部做簡報，但是沒有通過。
- 跟主管商量後，被中止執行。

我認為簡報就好比是求婚。

許多人認為，做簡報的目的是為了讓人對你提案的內容產生好感，並讓對方喜歡。不過，這樣的想法並不完全正確，我認為**簡報是一場提案人與委託人的婚姻，必須取得雙方同意**。

簡報沒有通過，或許也是幸福的結果，因為如果彼此間有許多誤解或意見不合，卻還是勉強結婚，並不是一件好事。

簡報會讓原形完全畢露，包含弱點、你的期許以及現況，都會攤在眾人面前。能被他人接受的企劃勢必得與人產生連結，才能邁向成功。如果為了讓提案通過而隱藏不利的地方，一旦東窗事發，可能因此失去大家的信任。

過去我曾為了讓手上的企劃通過，拚命地將完成期限及成本壓到最低，結果超出成本，甚至發生延期的狀況，惹來眾人的責難。這樣的慘痛經驗只是徒增別人的困擾而已。

簡報時不應該刻意掩飾缺點，而要盡可能展現自己的真心與現況。如果提案人與委託人沒有當場表明彼此想說的話、想法未能達成一致，就算企劃通過，也無法讓任何人獲得幸福。

雖然如此，現實中一定也有無論如何都要通過的簡報。這種情況下，希望你在可行範圍之內，事前多與相關人員溝通及討論，讓對方更理解你的想法，並努力求教。

簡報時，以強力的主要賣點一決勝負

我在寫企劃書的階段，會同時思考簡報的內容。簡報並不是事後再來思考該如何說服對方，最重要的在於如何向大家傳達三角形筆記中寫出的內容。只要確實達到這個目的，自然就會知道該如何發表簡報。

透過三角形筆記寫出的企劃內容、企劃對象、企劃費用三部分，是要確認商品的行銷市場，確認這個企劃案能否成功問世？只要確實傳達三角形筆記的內容，就更能贏得簡報聽眾的認同，因此主要賣點的震撼性顯得更為重要。

主要賣點是打動顧客的關鍵一擊，用主要賣點打動聽簡報者的內心，是最理想的狀況。

書寫三角形筆記的同時，請想像對企劃相關人員做簡報時，應該如何表達內容，如此一來，更能清楚掌握企劃的不足與缺點，進而能寫出更好的企劃，同時找到更理想的表達方式。

簡報的目的是向顧客表達企劃的價值，也是為了讓企劃通過，因此兩者應該視為相同的事，不可以拆開來思考。

態度4：當遭遇難以跨越的高牆和風險，讓團隊共同分擔

為了避免費用過高的風險

為了發展事業動用預算，需要很大的勇氣。

站在公司承辦人的立場，或許有人對花錢的恐懼感不是很強烈，但如果是自己負責的企劃出現赤字，應該會覺得壓力很大，更遑論公司的預算管理者和經營者，更害怕燒錢。

企劃要通過公司審核，會嚴格確認「是否有利潤？」「會不會賠錢？」等風險，難度本來就很高。如果無法克服這份恐懼感或風險，企劃將永遠無法實現。因此，我建議透過團隊的方式執行企劃，以克服這些風險。實際上，我幾乎採用這樣

的模式，讓負責的企劃成功實現。

即使現在自行創業，前面介紹過的紙牌遊戲「民藝運動場」，也是我跟「妄想工作所有限公司」的乙幡啟子小姐共同合作的案子。團隊合作能夠分擔開發投資的資金和獲利，萬一失敗賠錢，也有人分擔風險。

除了能降低投資風險，還有許多好處。第一個好處是點子的品質會大幅提升。兩個人想出來的點子，會產生兩倍以上的加乘效果。

另外是執行力的不同。想讓企劃實現，一定得付諸行動，如果所有的事情都一人包辦，不僅無謀，效率也很差。每個人都有擅長及不擅長的領域，網羅各種專業人才的能力，以團隊的方式行動，就能讓企劃書中的想法逐一實現。

在推出企劃時的宣傳效果，也會因團隊成員增加而提升。網羅所需人員共同執行企劃，遠比一個人孤軍奮戰的成功機率更高。

這個方法也適用公司內部的提案。不要只由公司決定的團隊來執行專案，你可以網羅握有預算裁決權的主管、擅長自己不拿手領域的同事、人脈雄厚的同事，和他們一起組成團隊。**讓身邊的人共同參與、幫助自己，便能更順利執行企劃，開發**

出更好的商品。

容我離題一下，在我還是上班族時，經常會請勇於發言、敢表達意見的年輕女職員加入企劃團隊，因為女生的意見對歐吉桑有強大的影響力。

我身為男性，感受性可能不如女性，因此只要女性強烈主張，自己多半都無法招架。雖然有的公司可能不吃這一套，但召集能夠打破既有框架的團隊成員、網羅各個領域的人才集思廣益，也是一種方法。

組成企劃團隊的方法

我本身是比較內向膽小的人，老實說，不太敢主動找人共事。因此，我會反過來讓別人想主動與我合作。

假設要讓自己的企劃實現，一定要取得某個人的協助。這時候你不應該說：「我想借助你的能力，請你幫忙！」而是說：「希望可以由你執行這個企劃，讓我來幫助你！」展現你的誠意，讓對方主動加入你的團隊。

更正確地來說，**重點不在於彼此的權力關係，而是如何使對方把這個企劃當成自己的事**。假如團隊成員有設計師、工程師、贊助人、通路商，此時，不是把自己當成領導者，而是擔任團隊聯繫人，成為大家的溝通橋樑，才是最理想的安排。

當然，你也要展現領導者的才能，明確地為團隊中每個人的角色定位，必要時，讓每位成員都能在自己的領域扮演好領導者。還有，不要找難相處的人，重要的是尋找有共識，願意一起完成企劃的人共組團隊。

與各個成員之間的關係也要仔細規劃。假設你和A先生是合資人關係，收益和風險則要平分；但B先生是你委託案件、付錢請來做事的人，就不用平分收益。每個人的角色定位要明確，才能避免多頭馬車的情況發生。

一個團隊中，有人會和你共同努力到最後，也有人只是暫時提供支援。成員任務結束想中途離開，就放手讓他走。不需要因為是團隊成員，就要求所有人同進退。每個人負責的領域及工作量都不同，大家只需要做好份內的事，最終讓企劃實現就好。

最重要的是，即使每個人立場、想法不同，都要努力營造讓大家能開心工作、

願意把企劃當成是自己的事，並用心完成的氣氛。我認為讓每位成員以最佳狀態工作，並且真心喜歡這個企劃而努力實現，才是成功的秘訣。

所有成員團結一致，讓企劃成功問世的喜悅是無以倫比、難以用言語形容的。

請試著挑戰網羅人才，把小小的點子培育為成果卓越的企劃。

重點整理

- ☑ 知道自己內心真正的欲望，打從心底認為「自己絕對會想使用這個企劃。希望用了以後，能比現在更幸福」，才能讓你撐過難關。
- ☑ 一開始抱持著，即使覺得厭煩還是要保持高昂興致的心態工作，遇到阻礙或瓶頸，仍然能鬥志高昂地克服難關、持續前進。
- ☑ 若想要成為真正的企劃人，失敗經驗與成功經驗缺一不可。
- ☑ 簡報能讓弱點、期許以及現況攤在眾人面前。能被他人接受的企劃勢必與人產生連結，才能邁向成功。
- ☑ 主要賣點是打動顧客的關鍵一擊，要以主要賣點打動聽簡報者的心。
- ☑ 讓身邊的人共同參與、幫助自己，能更順利地執行企劃，開發出更好的商品。

☑ 就算每個人立場、想法不同，都要努力營造讓大家可以開心工作、願意把企劃當成是自己的事的氣氛。

編輯部整理

後記

越平凡的欲望，越能帶給人們幸福

最後，我要告訴大家讓企劃成功實現的另一個重點。請各位一定要明白：越是沒有強烈動機想做某事的普通人，越適合研擬企劃。

開始工作以後，每個人自然都希望自己能對更多人做出貢獻，我也是以這樣的心態開始負責商品企劃的工作。但當我還是新鮮人時，只覺得想做點什麼，但不知道自己到底想要什麼。

本書內容從自己的欲望出發，以此研擬並實現企劃，也許想製作新企劃的人並沒有這麼多，或是現代人生活富足，沒有那麼多強烈欲望。

即使我現在身為創意人，既不會對這個世界有太多不滿，也沒有太多無法壓抑的欲望；既不會經常買東西，也不是整年都在玩樂，只是眾多平凡人之一。

像我這樣的普通人，若遇到某件東西，讓自己產生「如果有這種東西，我一定想買、想用、想嘗試看看！」的想法，這份喜悅與熱情會非常強烈，這是我從事多年企劃工作體會到的事情。

不容易產生欲望的人，當他找到真正的欲望，其中可能蘊藏驚人的能量。不常買東西的平常人，一旦找到一件真正想買的東西，熱銷的可能性會非常高。

普通人會感受到強烈的欲望，周圍蘊藏著能帶給更多人幸福與價值的因素。因此，平常在購物時，我會重視連些微價差都會在意的感覺，並保持這樣的生活心態。越普通的人，越能研擬出吸引世上多數人的企劃。

如果你是個很想挑戰新事物，但不曉得該做什麼才好的普通人，越有可能想出帶給自己及他人幸福的企劃，並且成功實現。

閱讀完本書、對企劃有點興趣的讀者，請試著找出一直隱藏在心中、從未察覺到的欲望，並把想擁有的事物逐一記錄在題材筆記裡。只要這麼做，你就能發現全新的自己。當你找到未曾察覺、隱藏在心中的潛在欲望，會有重生的感受。

「如果有這個東西，我會想買、想用、想嘗試」，像這樣找到新題材，是為自己創造幸福的第一步，更是真正讓人開心、感到幸福的事。很多人每天因為工作、思考企劃非常辛苦，但**企劃絕對不是能夠被分派的工作，而是滿足自我欲望的作戰過程**。

任何人都可以透過這份工作，創造出自己想擁有的事物。我很期待每位讀者都能夠透過本書的筆記術，創造出你想實現的企劃，並且樂在其中。

在此向日本ＡＳＡ出版社用心負責本書企劃及編輯的財津勝幸先生、和我一起經營兔子有限公司的合夥人湯瑪士・提爾（Thomas Thiel）、PREGIO管理有限公司的大久保奈美小姐、所有和我共事過的朋友，以及總是以笑容在我背後支持的妻子及兩位女兒致上謝意。謝謝你們！

如果各位有開發商品、建構企劃團隊、演講或研修課程等，想和我一起工作、一起完成任務的需求，請不要客氣告訴我，我會非常開心。

附錄

企劃高手嚴選
100 個私房創意題材，大公開！

第一章提過，我平常會將想擁有的東西記錄在題材筆記當中，因此現在從自己的題材筆記中嚴選出一百個題材與各位分享。

我的題材筆記只條列式地記錄題材名稱，但這裡除了題材名稱，也補充各個題材的「概要」與「想擁有的理由」。希望各位讀者也能製作自己專屬的題材筆記，可以參考我的題材筆記，看看有了什麼題材，以及如何記錄。

如果你在這一百個題材中發現自己想擁有的東西，也可以使用這份題材筆記配對，練習發想點子。

編按：230 至 235 頁有空白題材頁，讀者可嘗試記錄自己的題材。

泡沫會變色的洗手皂

概要
- 洗手的時泡沫會變色。
- 孩子可以邊享受邊洗淨雙手。

理由
- 促進孩子主動洗手。
- 想看神奇的現象。

不會太甜的甜酒

概要
- 不加糖、可品嚐到天然甘甜的甜酒。一般的甜酒太甜容易刺激喉嚨，想喝順口的甜酒。

理由
- 一般的甜酒太甜，不易入口，想喝順口的甜酒，調整腸道健康。

大人的數學教室

概要
- 大人可依照自己的程度學習數學，並且運用在工作上，也能重新認識學生時代學習數學的意義。

理由
- 想知道什麼是微積分。
- 想擁有更強的數字能力。
- 想嘗試能否讓頭腦變得更聰明。

優勢識別器

概要
- 回答線上問卷，就能知道 34 種領域的資質中，自己最強的前五種資質。

理由
- 想知道自己的強項。
- 也想知道自己的弱點。

吸入式捕蚊器「歡蚊光臨」

概要

・以 USB 驅動的捕蚊機。利用光線引誘，再用風扇吸入蚊子。

理由

・不想被蚊子叮。
・不想使用驅蟲劑或殺蟲劑。

幫助思考部落格題材的 AI

概要

・有沒有能主動思考部落格、社群網站、電子報等網路媒體題材的 AI 技術？

理由

・想輕鬆找到文章的題材。
・透過詳細搜尋指定的題材，想留意不感興趣的題材。
・再忙也能持續寫部落格。

搶答活動　第一次的猜謎

概要

・可用真的按鍵搶答的搶答猜謎活動。可以實際體驗猜謎大會，參賽者都是第一次參加。

理由

・想像電視節目中一樣按鍵搶答。
・想知道自己的猜謎實力。

變得更上鏡的練習鏡

概要

・鏡子附贈練習方法，只要對著鏡子練習表情，就能讓自己更上鏡。

理由

・希望拍照更上相（尤其是證件照等一次定生死的照片）。
・希望能展現好看的表情與笑容。

「敷衍」與「馬虎」的差異　文章

概要

- 偶然發現的文章標題。
- 忍不住想點閱瀏覽。

理由

- 想記住並且正確使用。
- 想向人炫耀。

The Silver Pro 寫給祖父母的信

概要

- 只要準備信的內容和照片，每個月都會幫你寄信給祖父母的服務。

理由

- 想讓家人開心。
- 想跟家人培養良好關係。
- 想跟祖父母聊各種話題，想聽他們說話。

智慧型手機大小的空拍機

概要

- 智慧型手機的大小方便攜帶，起飛後可以使用內建照相機自拍。

理由

- 想嘗試從空中自拍。
- 想要不佔空間的小型空拍機。
- 想接觸最先端科技。

流淚活動

概要

- 欣賞讓人想哭的影片，流淚讓心情暢快的活動。

理由

- 想盡情大哭，抒發壓力。

可以測量嬰兒體溫的奶嘴

概要

・讓寶寶含著奶嘴就能測量體溫。與手機 APP 連結，也可以從手機得知體溫。

理由

・想溫和地幫寶寶量體溫。

Dialogue in Silence 無聲世界

概要

・在聽不到聲音的狀態下，跨越語言，享受交談的遊戲。不需要出聲，從肢體語言互相溝通。

理由

・想利用全新體驗，建立新的價值觀。
・希望溝通能力變好。
・想跟其他人成為好朋友。

喜歡的啤酒 Amazon Dash Button

概要

・只要按下按鍵，就能訂購指定商品的物聯網（IoT）裝置。不同商品有各自的訂購按鈕。

理由

・按下安裝於冰箱的按鈕，就可以下單訂貨。
・啤酒喝完後，可以馬上下訂單。

尼莫點 世界上距離人類最遠的地方

概要

・地球上距離人類最遠、孤立於太平洋中的一點，不是島嶼。與最近的復活島距離 2689 公里。

理由

・想去看看。
・想體驗只有一個人、超乎想像的孤獨。

黑暗聯誼

概要
・在全黑的環境中聯誼，看不見對方的臉。

理由
・想體驗看看（覺得容易產生戀愛的感覺）。

利用人工智慧 APP 找到合得來的媽媽之友

概要
・與 Facebook 連結、登入後，可以根據家庭組成、興趣、母語等條件，配對可能合得來的人，推薦適合的媽媽之友。

理由
・想找到與自己合得來的、能夠成為好朋友的人。
・想遠離媽媽之友令人煩躁的關係。

Jimdo

概要
・即使不懂 HTML 語法，自己也能夠輕鬆架設個人網站的服務。

理由
・想自己輕鬆更新個人網站。
・想降低經營個人網站的成本。
・想簡單嘗試變更各式各樣的網頁設計。

Free Style Rap

概要
・即興的 Rap，與好幾組的人馬對戰（像是電視節目「FREESTYLE DUNGEON」）。

理由
・希望能夠即興 Rap。
・想要提升即興發揮的能力。

便便漢字習字簿

概要
・使用便便的例句，讓小學生練習記住漢字的習字簿。

理由
・想要試試看能不能促進孩子主動學習。
・看見例句會想笑。

用手扭來扭去的Tangle（無限扭轉繩）

概要
・容易上癮、會扭來扭去的感覺，像輪環那樣的東西。

理由
・想體驗全新會上癮的遊戲感覺。
・想要一邊玩一邊開會，或是與人談話。

訂價超過 1000 日圓的高級海苔便當

概要
・便宜必點的海苔便當，訂價1000日圓以上，充滿豪華配料的便當。

理由
・想跟便宜的海苔便當比較看看哪個好吃、滿足度更高。
・想與人分享感想。

質疑「拿鐵因子理論」

概要
・拿鐵因子指的是每天一杯拿鐵的小額花費。改變這個習慣，據説更能夠達成目標。但我想，會不會反向操作的效果更好？

理由
・反而購買一杯咖啡或茶，更能提高幹勁和集中力，想提升生產力。
・想要不用節省地過生活。

文章淺顯易懂的十大原則

概要
- 偶然發現的文章標題。
- 忍不住想點閱瀏覽。

理由
- 想更擅長寫文章。
- 想加快寫文章的速度。

沒有計費表的計程車

概要
- 計程車計費表的金額不會一直往上跑，或是固定費用之類。

理由
- 不用擔心錢夠不夠，想以安穩的心情搭計程車（一搭上計程車，就會莫名地感到焦慮）。

抓得住的水

概要
- 在水裡加入藥劑，就可以抓住水的實驗玩具。

理由
- 想玩玩看。
- 想為孩子製造奇妙的體驗。

Tabelog 醫院版

概要
- 像 Tabelog 那樣，可以對醫院評分、知道醫院評價的服務。

理由
- 不想選錯醫院。
- 希望能有個找醫院的參考指標。

維持記憶力的口香糖

概要
- 利用銀杏葉萃取成分，維持記憶力的機能性口香糖。研究證明，銀杏葉萃取成分可維持中高齡者的記憶力（語言記憶與圖像記憶、回憶能力）。

理由
- 想試試究竟有沒有效果。
- 想知道是什麼樣的口味。
- 跟小時候相比，記憶力退化很多，想提升記憶力。

廢墟購物中心影像集

概要
- 介紹破舊的購物中心內部景象的 YouTube 影片。

理由
- 想看（想看看有多恐怖）。
- 想在打烊後逛購物中心。

高中生研究不易被蚊子咬的方法

概要
- 高中生發現，足部細菌種類較多的人容易被蚊子叮。使用酒精擦拭腳踝以下，可以減少被叮的次數。

理由
- 想嘗試是否真的不會被蚊子咬。
- 想進行對生活有幫助的暑期研究。

對話育兒法

概要
- 介紹與孩子交談的重要性的書籍。

理由
- 想培育孩子的大腦發展與情緒控管能力。

以 PowerPoint 取代便條紙的一人腦力激盪

概要

・網路上介紹可用 PowerPoint 一頁記錄一個點子，自行腦力激盪。

理由

・因為從未嘗試過，很想嘗試一個人腦力激盪。
・想輕鬆地思考新點子。

家事代勞服務

概要

・委託專家居家清潔的服務。

理由

・希望家裡常保清潔。
・想輕鬆清除污垢。

真實尋寶遊戲

概要

・一邊解開寶藏地圖的謎題，一邊尋寶的戶外活動。

理由

・想跟孩子一起玩尋寶冒險遊戲。
・想解開謎題、找到答案。

比乒乓球還薄的打掃機器人

概要

・超薄型設計，打掃機器人可鑽入縫隙狹窄的家具下方徹底打掃。

理由

・想打掃櫃子下面。
・希望收納不會佔空間。

一個人住的優點是可以叫另一半來家裡、跟人在家裡喝酒

概要

・文章的標題。看完後嚮往一個人的生活。

理由

・想一個人住，自由地做喜歡的事。
・想做在家喝酒的企劃。

浮在空中的玻璃杯 Levitating Cup

概要

・浮於底座上的玻璃杯。可用手拿起浮在空中的玻璃杯喝飲料。

理由

・想體驗使用浮在空中的玻璃杯喝東西，是什麼樣的感覺。
・想用這種杯子招待客人。

隨意搭配書架

概要

・在「あ設計展」中展示，把書本做成積木般，可以重新組合，組合出新的標題的作品。

理由

・想用來裝飾房間、想玩。
・隨意組裝句子，讓身邊的人開心。

極度迷你盆栽模型

概要

・尺寸小到讓人嘖嘖稱奇的盆栽模型。

理由

・可拿來裝飾辦公桌，希望讓人覺得自己有品味。
・想觀察作品的精細作工。

第二次的婚禮

概要

・結婚滿十週年時，再舉辦一次婚禮的服務。

理由

・想跟太太建立更親密的關係。
・想送給家人當紀念的禮物。

裝了紅豆的眼罩
紅豆的力量

概要

・使用微波爐加熱，再敷於眼睛，可以讓眼睛放鬆。

理由

・想消除眼睛的疲勞。
・不是拋棄式，希望可以重複使用。

六十分鐘寫完一本小說

概要

・在網路上進行的遊戲。在六十分鐘內根據不同主題寫完一本小說，並且跟大家分享、交換感想。

理由

・想試看看能不能一鼓作氣完成一本小說。
・想看別人的作品。

使用者可以互給坐墊
Ameba 笑話

概要

・以有趣的傻話回覆使用者的出題，可提升說笑話能力的社群軟體。

理由

・想磨練講笑話的功力。
・就算回話無趣，也可以裝傻。
・想要「坐墊」（想被別人給好評）。

世界街道定點觀測照相機

概要
- 在網路上隨時播放著，世界各地的定點觀測照相機的即時影片。

理由
- 感覺就像有了任意門，哪裡都能去。
- 想見識世界的「現在」是什麼樣子。

瞬間摺襯衫的技術

概要
- 由影片介紹快速摺各種衣服的技巧。

理由
- 想學習整齊簡單的摺衣服方法，想向人炫耀。
- 想讓人知道自己可以輕鬆快速地摺好衣服。

一秒討好主管的舉動

概要
- 偶然看到的文章標題。
- 忍不住點入瀏覽。

理由
- 想跟討厭的上司建立圓融的關係。
- 希望更會察言觀色。

提升說話技巧的關鍵「錄下自己的說話方式」

概要
- 偶然看到的文章標題。
- 忍不住點入瀏覽。

理由
- 想提升說話技巧。
- 希望自己的聲音和說話方式可以討人喜歡。

想看彩虹的另一端

概要

- 在推特造成話題的照片。

理由

- 想瞧一瞧從未見過的自然現象。
- 想拍下超稀有的照片，上傳至社群網站，得到大家的「讚」。

可以邊喝酒邊工作的共用工作空間

概要

- 如果能有個可以公然邊喝酒邊工作的公共空間，不知道多好。

理由

- 想試試邊喝酒邊工作，是否真能讓工作效率變好。
- 想借助酒的力量，發想出不同的點子。

噴射動力式飛鼠滑翔裝

概要

- 穿上後就能在空中飛的套裝。

理由

- 想自由在空中飛翔。

9code 占卜

概要

- 依照出生年月日，分成九種類型的占卜方法。

理由

- 想知道自己屬於哪一型人，也想知道跟哪些名人同一型。
- 想體會算得準的驚喜感受。

小皮夾

概要
・造型小巧時尚的皮夾。

理由
・出門時不想帶著裝錢、裝卡片的厚重皮夾。
・想將皮夾放進口袋裡。

宏觀管理法　肌肉訓練

概要
・從性別、身高、體重、年齡、活動量、目的（增重、維持、減重），計算一天必須攝取的總熱量及蛋白質、脂肪、碳水化合物的份量，照著做，就能擁有理想體型的方法。

理由
・即使是虛弱的自己也想有效鍛鍊肌肉。
・為了老後生活與長壽，想培養適當的肌力。

墜入情網的聲音

概要
・好像真有這樣的聲音。

理由
・跟異性在一起時想聽聽看會不會出現。

給沒有智慧型手機的女高中生，以定期券取代手機

概要
・文章的標題。沒有智慧型手機的女高中生，碰觸通勤定期券就像在玩手機。

理由
・整天玩手機對身體不好，想有個可碰觸的東西，取代手機。
・不想讓自己的孩子擁有智慧型手機。
・覺得自己如果也有個卡套，可能也會一直玩。

與病人交談的正確方法

概要
・文章的標題。

理由
・以防萬一希望能先學習。
・想學習不會傷人、又能鼓勵人的説話方式。

確實有效、會痛的健康涼鞋

概要
・長年以來一直在尋找自己理想的商品。想擁有一雙會感到疼痛的健康涼鞋。

理由
・想讓心情舒暢、有效地按摩足部。
・希望全身變健康。

新垣結衣變成老婆的影片

概要
・商品的宣傳影片。欣賞影片時，感覺藝人新垣結衣就在身邊。

理由
・想體驗虛擬情境。

任天堂經典迷你紅白機：超級任天堂的重播功能

概要
・在遊戲中失誤的話，可以回到之前的時間點，重新再玩一次。

理由
・為了克服困難的遊戲，想使用的夢幻功能。
・忙的時候，希望可以不用多花時間重玩。

把育兒想成跟情人談戀愛

概要
・把雙親跟嬰兒想成情人關係，講述育兒辛苦之處的漫畫。

理由
・想向人炫耀。
・想療癒因照顧孩子而疲累的身心。

用自己的聲音就可以玩 Coestation APP

概要
・只要輸入自己或親友的聲音，就可以合成聲音說話的技術。

理由
・想用喜歡的人的聲音，對自己告白。

有女生按摩肩膀的電腦工作咖啡館

概要
・坐在咖啡館工作久了，肩膀會僵硬，希望有人可以幫自己快速按摩，又可以跟對方討論公事、心事的服務。

理由
・不是為了喝咖啡，是想有人幫自己按摩。
・希望有可以討論公事、腦力激盪的對象。

可以讓人悠閒運動的健身房

概要
・一般的重訓健身房，都要做困難的運動項目。希望可以輕鬆、悠閒地健身，還可以吃點東西休息。

理由
・不想給自己太大的壓力。
・只做伸展操，也希望擁有每天持之以恆的動力。

只能交換一張名片的「商業聯誼會」

概要
- 不同行業的聯誼會。不是只交換名片就結束，而是跟每個人交談後，找到一位真心想繼續聯繫的對象，對對方表明心意，並交換名片的活動。

理由
- 想找到值得交心的朋友。
- 想認識志同道合，或跟自己的工作有密切關係的人。

偶像製作人一日體驗營

概要
- 挑選偶像團體的成員，決定出道曲，體驗製作人的工作。

理由
- 想自己挑選最棒的團體成員。
- 偶像表演歌舞時，想在旁邊演奏自己創作的曲子（鍵盤或吉他）。

夫妻情侶裝活動

概要
- 夫妻必須以情侶打扮出席活動。

理由
- 想穿情侶裝向人炫耀。
- 想穿情侶裝拍照。
- 想有個體驗平常不會做的事的助力。

尋找搞笑組合的網路服務

概要
- 類似募集樂團成員，是專門募集搞笑組合成員的網站。也有測試默契的服務。

理由
- 想挑戰相聲表演或搞笑表演。
- 想找到志同道合的人。

忘記帶會發出通知的折傘

概要
- 折傘裝有感應器，一旦折傘與手機分開一定距離，手機就會發出警報聲。

理由
- 常常弄丟折傘，希望折傘離自己太遠可以發出警告。

諮詢酒 BAR

概要
- 會傾聽客人煩惱，並給予建議的酒吧。

理由
- 想找人傾訴所有心事，把煩惱一次吐出，商量解決方法。
- 想獲得救贖。

鼻毛脫毛
巴西式脫毛蠟

概要
- 把沾附除毛蠟的除毛棒伸進鼻子，放置一段時間再拔出來，鼻毛就會拔得一乾二淨。

理由
- 希望一次就把鼻毛拔除乾淨。
- 想維持儀容整潔。
- 想保持鼻子的健康。

與企業中的校友聯繫的聯繫網

概要
- 企業中的校友、退休人員透過社團聯繫，可以和公司合作、提出貢獻。

理由
- 雖然離開公司，也想對公司有所貢獻。
- 希望職業的選項更多元化。

手不會累的
人體工學滑鼠

概要
・符合人體工學設計的滑鼠，使用再久，手也不會累。

理由
・想保護手腕（我的手腕經常會痛）。
・想減輕電腦工作的疲倦感。

溫度不會太熱的
蒸氣吸入器

概要
・市面上的蒸氣吸入器，通常溫度過高，希望有溫度合適的蒸氣吸入器。

理由
・以舒適的溫度潤喉，希望能讓聲音變好、預防感冒。
・希望讓不喜歡的事每天也能持續完成。

路線簡單易懂的公車

概要
・希望公車和公車站都有清楚的路線標示，不要再有「搭這台公車對嗎？我要在哪裡下車呢？」的疑慮。

理由
・在搭巴士時不會選錯，可以安心上車。
・就算不詢問公車司機，也能清楚知道路線。

清淨空氣的人造花

概要
・利用光觸媒原理，把人造花擺在室內，就能清淨空氣。

理由
・想在室內擺放植物，但希望可以不用每天澆水照顧。

《Insider 誰是內鬼》（說謊騙人的遊戲）

概要
- 一款桌上卡牌遊戲。大家要回答出題者的問題，不過只有 INSIDER 知道真正的答案，INSIDER 不能洩露真正的答案，要說謊騙大家。

理由
- 想公然說謊看看。
- 想營造歡樂的交談氣氛。
- 想獨自贏得遊戲。
- 喜歡推理。

故鄉 CHOICE

概要
- 可搜尋全國繳交故鄉稅後，能得到回禮種類的網站。

理由
- 想善用故鄉稅的回饋。
- 想知道全日本各地的名產。

握壽司教學教室

概要
- 傳授握壽司技術的講座。

理由
- 可以像職人那樣捏出漂亮的握壽司。

雨傘共享服務

概要
- 把傘當成公有物品，大家都能使用。

理由
- 不想每次碰到下雨，就要買塑膠傘。
- 不想帶折傘出門。

理財補習班

概要

・教授理財方法的補習班。

理由

・希望有效增加財富。
・不想再擔心錢的事。

窗戶打掃機器人

概要

・機器人會貼著窗戶玻璃移動，擦拭窗戶。

理由

・想讓煩人的擦窗打掃變得輕鬆愉快。
・想保持窗戶的清潔。

萬用充電線

概要

・只要帶著一條充電線，即使手機或平板連接頭不同，都可以充電。

理由

・不想每次都帶好幾條充電線出門。
・不想再擔心沒電的問題。

穿透人體的影片

概要

・食物從嘴巴進去，在體內流動，從肛門排出的影片。

理由

・想看一下身體裡面是什麼情況（食物的通道）。

電訪被拒絕時的情緒管理術

概要

- 有看過這樣的文章標題。該如何才可以毫無壓力地電訪呢？

理由

- 想裝作不在意的樣子。
- 希望業績順利達標。

來回傾倒膠水移動氣泡

概要

- 當使用膠水的量越來越少，裡面的氣泡會變大。我唸小學時，常把膠水瓶傾倒，移動氣泡或捏破氣泡，怎麼玩都不覺得膩。

理由

- 想看看氣泡（液體）緩慢移動的樣子。
- 想把氣泡捏破。

教導倒車入庫的專門學校

概要

- 希望有人能夠專門教授倒車入庫的技巧。

理由

- 想優雅地倒車入庫。
- 想減輕駕駛壓力。

罐頭專賣店

概要

- 販賣日本各地罐頭的商店。

理由

- 想把美味的罐頭當成下酒菜。
- 想知道有哪些有趣的罐頭食品。

在路邊攤拉繩子抽籤

概要

・在眾多繩子中挑選一條並拉出，繩子前端的禮物就是自己的獎品。

理由

・令人懷念的遊戲，很想玩玩看。

齋藤先生遊戲

概要

・配合節奏發出「呸、呸」、「齋藤先生」的節奏遊戲。

理由

・速度很快，想挑戰看看。
・想看很會玩這個遊戲的人的影片。

不會過熱的攜帶式暖暖包

概要

・有時候拋棄式暖暖包的溫度太高，用起來很不舒服，希望有人發明溫度適中的暖暖包。

理由

・想以適當的溫度保暖。

筆記本型白板

概要

・可隨身攜帶、筆記本造型的白板。

理由

・希望白板可以方便隨身攜帶。
・開會過程中想點子時，大家可以使用這種白板。

地下偶像演唱會

概要
・最近欣賞非主流偶像的演唱會，非常精采。

理由
・想活動一下平日沒運動的身體，想大聲吶喊。

徹底關閉臉書的通知

概要
・臉書的通知太頻繁，每次通知一響就要檢查或回應，覺得好累，想暫時遠離。

理由
・不想在意別人。
・想過得悠閒一點。
・想讓自己平靜、安靜一下。

四分鐘就看懂區塊鏈

概要
・這是網路的影片，可以短時間看懂區塊鏈。

理由
・想在短時間內弄懂不懂的事。

常溫水自動販賣機

概要
・可以買到常溫水的自動販賣機。

理由
・想喝不冰的水。

訪問薪水比自己低的人的節目

概要

- 想看雖然薪水低、但日子過得很幸福的人接受訪問或是被報導。

理由

- 想讓自己安心。

模仿小學教室設計的居酒屋

概要

- 居酒屋的內裝設計模仿小學教室。

理由

- 想和大家聊聊小學時代的回憶或趣事。
- 想看看讓人懷念的課桌椅。

頭不會痛的帽子

概要

- 帽子戴太久頭會痛，想要一頂戴了不會頭痛的帽子。

理由

- 想預防頭痛。
- 想禦寒。
- 想挑戰時髦的打扮。
- 想隔絕紫外線，保護雙眼。

貼在居酒屋廁所裡，環遊世界航行之旅的海報

概要

- 環遊世界一周的旅遊廣告海報。在微醺的狀態下看到這張海報，讓人好想環遊世界。

理由

- 想環遊世界。
- 想試著以英語跟人交談。

概要

理由

概要

理由

概要

理由

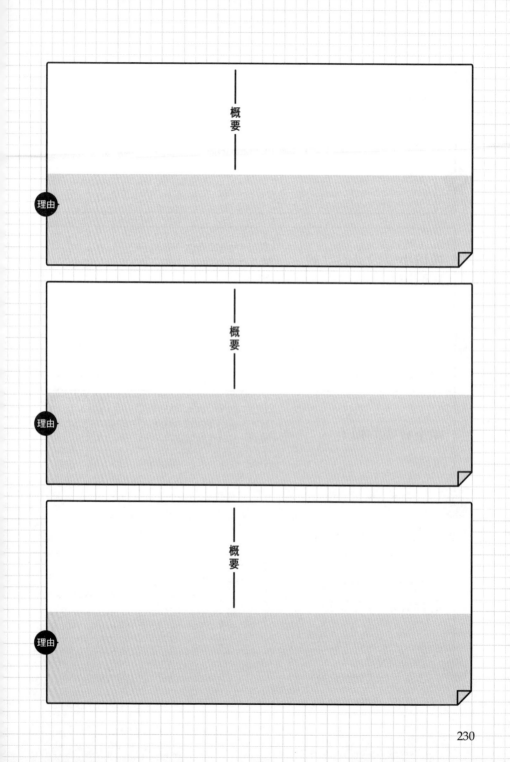

概要

理由

概要

理由

概要

理由

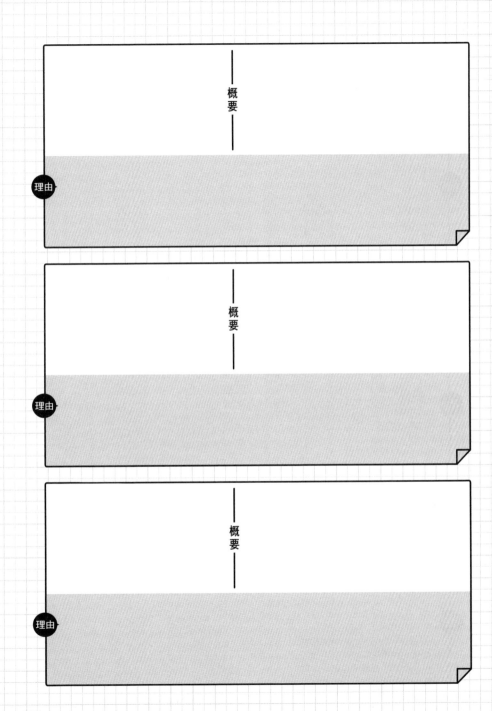

概要

理由

概要

理由

概要

理由

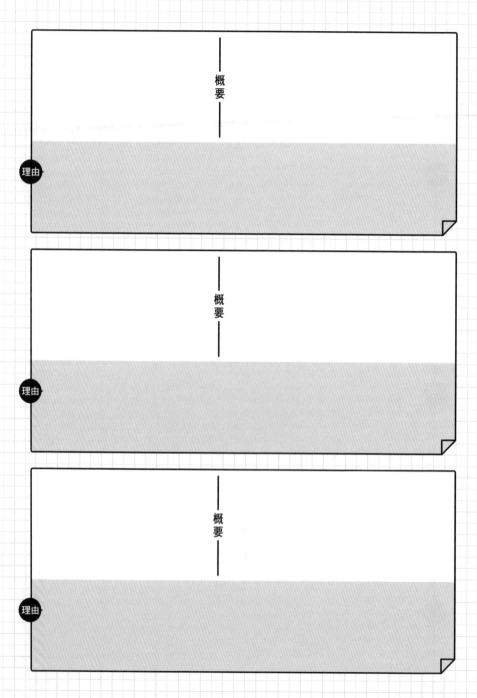

概要

理由

概要

理由

概要

理由

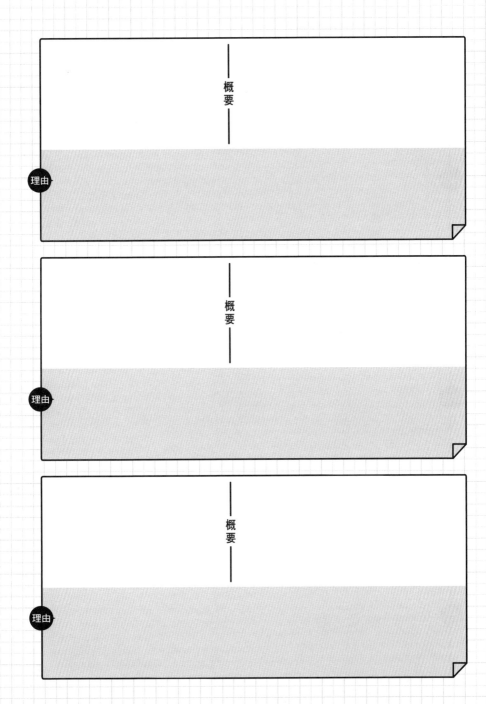

概要

理由

概要

理由

概要

理由

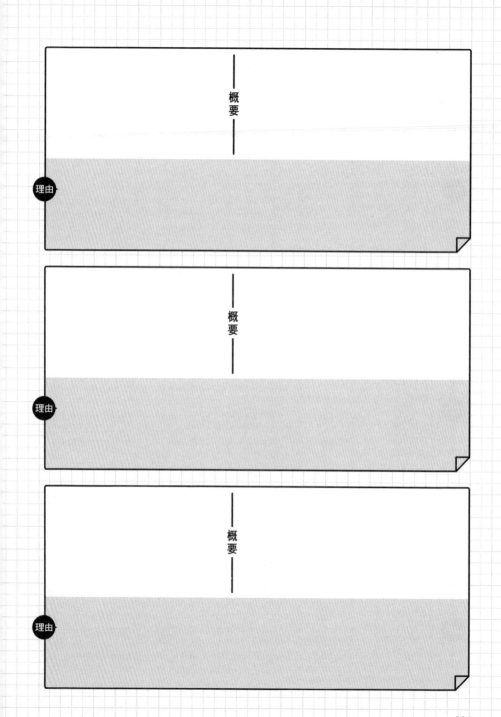

概要

理由

概要

理由

概要

理由

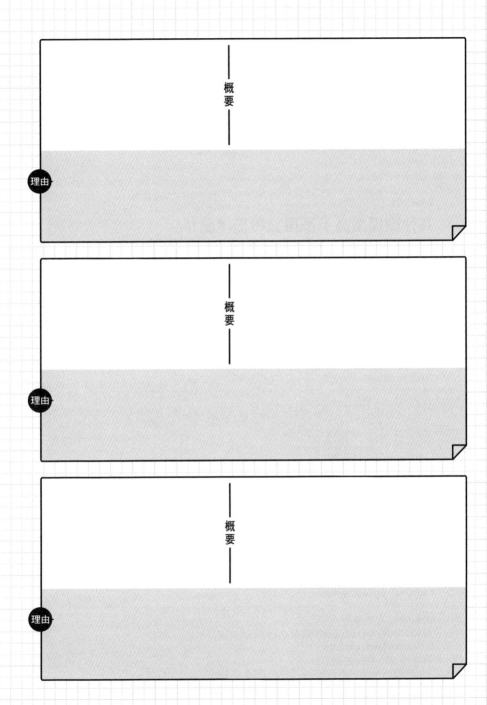

國家圖書館出版品預行編目(CIP)資料

為什麼提案高手都用三角形筆記？：從蒐集靈感、決定題材到執行方案，讓你一日完成暢銷企劃案！／高橋晉平著；黃瓊仙譯. -- 臺北市：大樂文化，2018.10
240 面；14.8×21 公分. --（Smart；75）
譯自：一生仕事で困らない企画のメモ技
ISBN 978-986-96596-9-7（平裝）

1. 企劃書　2. 筆記

494.1　　107014262

Smart 075

為什麼提案高手都用三角形筆記？

從蒐集靈感、決定題材到執行方案，讓你一日完成暢銷企劃案！

作　　者／高橋晉平
譯　　者／黃瓊仙
封面設計／蕭壽佳
內頁排版／顏麟驊
責任編輯／林嘉柔
主　　編／皮海屏
發行專員／劉怡安
會計經理／陳碧蘭
發行經理／高世權、呂和儒
總編輯、總經理／蔡連壽

出 版 者／大樂文化有限公司
地址：新北市板橋區文化路一段 268 號 18 樓之1
電話：（02）2258-3656
傳真：（02）2258-3660
詢問購書相關資訊請洽：2258-3656
郵政劃撥帳號／50211045　戶名／大樂文化有限公司

香港發行／豐達出版發行有限公司
地址：香港柴灣永泰道 70 號柴灣工業城 2 期 1805 室
電話：852-2172 6513　傳真：852-2172 4355

法律顧問／第一國際法律事務所余淑杏律師
印　　刷／韋懋實業有限公司

出版日期／2018 年 10 月 12 日
定　　價／280 元（缺頁或損毀的書，請寄回更換）
I S B N　978-986-96596-9-7

大樂文化

大樂文化